军事工程

林仁华 主编
于 海 于 涛 于守诚 编著

广西科学技术出版社

图书在版编目（CIP）数据

军事工程 / 林仁华主编. — 南宁：广西科学技术出版社，2012.8（2020.6 重印）
（青少年国防知识丛书）
ISBN 978-7-80619-494-2

Ⅰ. ①军… Ⅱ. ①林… Ⅲ. ①军事工程—中国—青年读物 ②军事工程—中国—少年读物 Ⅳ. ① E95-49

中国版本图书馆 CIP 数据核字（2012）第 188671 号

青少年国防知识丛书
军事工程
JUNSHI GONGCHENG
林仁华 主编

责任编辑 方振发　　**封面设计** 叁壹明道
责任校对 杨红斌　　**责任印制** 韦文印

出 版 人 卢培钊
出版发行 广西科学技术出版社
（南宁市东葛路 66 号 邮政编码 530023）
印　　刷 永清县晔盛亚胶印有限公司
（永清县工业区大良村西部 邮政编码 065600）
开　　本 700㎜×950㎜ 1/16
印　　张 15
字　　数 193 千字
版次印次 2020 年 6 月第 1 版第 4 次
书　　号 ISBN 978-7-80619-494-2
定　　价 29.80 元

向青少年普及国防知识（代序）

林仁华

国防是国家的大事，是为保卫国家的主权、统一、领土完整和安全，防御武装侵略和颠覆所采取的一切措施。我们国防力量的强弱和国防建设的好坏，是关系到中华民族生存与发展的大问题，任何时候都不能放松和忽视。

回顾我国鸦片战争之后100年的历史，由于清政府的腐败无能，形成“有国无防”，时而受到八国联军铁蹄的蹂躏和西方列强的宰割，时而受到日本侵略者的烧杀、奸淫和掠夺，使中国人民陷于水深火热之中。在中国共产党英明领导下，在中国人民解放军的英勇奋战和全国人民共同努力下，我们建立了繁荣昌盛的新中国和强大的国防，中国人民才站起来了，洗雪了百年的耻辱，捍卫了国家主权、领土的完整，保卫了人民生命财产的安全。想想过去，看看现在，我们每一个中国人都应该懂得“国无防不立、民无兵不安”的道理，都应该牢记“落后就要挨打、贫穷就要受欺”的教训，奋发图强，为建设强大的国防和振兴中华而努力。

目前，国际形势复杂多变，和平与发展成为当今世界的主题，但是各地局部战争连绵不断，各种矛盾还在深入发展，新的战略格局尚未形成，世界仍然处在大变动的历史时期。我国的社会主义现代化建设仍将在复杂多变的环境中进行。我们要居安思危，要按照江泽民同志在中国共产党十四次代表大会指出的：“各级党组织、政府和全国人民要一如既往地关心国防建设，支持军队完成各项任务。抓好全民国防教育。”

抓好全民国防教育，应当从青少年抓起。因为以爱国主义为核心的国

防意识，是一个国家的国魂、民魂，只有一代一代传下去，才能保持民族的兴旺和国家的强盛。青少年是祖国的未来与希望，是祖国的建设者和保卫者，是21世纪的主人。在21世纪，经济建设的好坏，国防的强弱，对我们中华民族的前途和命运至关重要。因此，我们必须及早着手，将爱国主义思想和国防意识注入青少年的心田，使他们具有浓厚的爱国主义思想和掌握必备的国防知识。这是关系到祖国的盛衰荣辱的大事，是关系到今后谁来保卫中国的大问题。我们的国防是全民的国防，植根于全体公民热爱祖国、建设祖国、保卫祖国的思想和行动中。《中华人民共和国国防法》明确规定："保卫祖国、抵抗侵略是中华人民共和国每一个公民的神圣职责"，"公民应当接受国防教育"，"普及和加强国防教育是全社会的共同责任"。因此，搞好青少年的国防教育，在青少年中普及国防知识，是修筑未来"长城"的战略之举，是国防建设后继有人的百年大计，也是我们国家长治久安、常盛不衰的根本保证，应该引起青少年和全国人民的重视。我们一定要大力加强国防教育，普及现代国防知识，长期不懈地抓下去。

广西科学技术出版社具有浓厚的国防观念和远见卓识，愿为青少年增强国防意识和掌握国防知识贡献力量，专程到北京，委托我主编一套《青少年国防知识》丛书，供青少年读者阅读，满足各地对青少年进行教育的需要。我邀请了首都国防科普作家和长期从事国防教育工作者40多人，同出版社几位编辑一起，用了三年多的时间，终于编写出这套丛书，包括《国防历史》《国防地理》《现代战争知识》《人民军队》《国防后备军》《军事高技术》《高新技术兵器》《军事工程》《后勤保障》《著名军事人物》等十册，向全国出版发行。

这套丛书具有两个鲜明的特点：

第一个特点是内容丰富，知识性强，具有国防现代化读物的特色。本丛书的观点和题材都体现一个"新"字，坚持以邓小平新时期国防建设思想为依据，通过大量生动的事例，比较系统地介绍了我国国防现代化建设有关的基本知识，各本书又有各自的特色和内容。

《国防历史》，主要介绍我国历代国防的特点和战争的情况，以及军事

上的改革和创新；介绍帝国主义的侵略和强加给中国的不平等条约，以及中国人民英勇抗击侵略斗争的业绩。

《国防地理》，主要介绍我国在世界上的战略地位和国家周边的安全形势，以及我国著名的军事重地、边关要塞、古战场、海边防等情况。

《现代战争知识》，主要介绍现代战争的特点和要求，特别是在高技术条件下，陆战、海战、空战、电子战、导弹战、原子战、化学战、生物战、心理战等种种战争的特点和攻防的手段。

《人民军队》，主要介绍中国人民解放军的建军思想、战斗历程、优良传统和光辉业绩，以及新历史时期以现代化建设为中心进行全面建设的内容和要求。

《国防后备军》，主要是介绍我国国防后备力建设的方针和原则，反映民兵在各个历史时期勇敢、沉着、机智、灵活的战斗风貌，介绍有关学生军训和外国后备力量建设的新鲜知识。

《军事高技术》，大量介绍高新技术应用于军事的情况，特别是微电子、计算机、生物、航天、激光、红外、隐身、遥感、精确制导、人工智能等各种技术的原理及其在国防建设中的应用。

《高新技术兵器》，着重介绍核生化武器、战术战略导弹、定向能武器、动能武器、电磁炮，以及海上舰艇、作战飞机、主战坦克等新装备。

《军事工程》，着重介绍军事工程在现代战争中的地位和作用，以及构筑工事、设置障碍、布设地雷、抢修公路、架桥渡河、爆破伪装、野战给水等工程的内容、技术和要求。

《后勤保障》，着重介绍古今中外后勤工作的情况及其在战争中的作用，介绍物资、弹药、油料、给养、技术维修、卫生勤务、军事交通等各种保障工作的特点和要求。

《著名军事人物》，主要介绍我国古代、近代、现代著名军事将领的先进军事思想和带兵打仗的经验，以及战斗英雄英勇作战的光辉业绩。

第二个特点是构思精巧，通俗生动，具备青少年科普读物的特点。青少年正处在长知识、打基础的时期，求知欲强，思想活跃，好奇爱问，喜欢追根问底。这套丛书采取一问一答的形式，抓住国防知识的热点和重点，从新的角度提出问题，引起青少年的关注和兴趣，然后结合讲战斗故事，联系斗争实例，介绍武器发明史，宣扬著名军事人物的光辉业绩等回答问题，既讲清“是什么”的内容，又阐述“为什么”的道理，把国防知识、科学原理与实际事例巧妙地结合起来，把军事技术、武器装备与战争的战略战术有机地结合起来，把科学技术的内容与文学艺术的形式结合起来，把科学作品的知识性与国防事件的新闻性结合起来，融思想性、知识性、科学性、趣味性于一体。同时，还配置大量形象的插图，运用许多生动的比喻，加以描述，通过写人、写事、写物，让读者如见其貌，趣味盎然。

国防知识浩如烟海，本丛书篇幅有限，不可能全部写下来，我们只选择其中重要的基本知识和新颖的内容加以介绍，给大家提供一把开启国防知识的钥匙，希望这套丛书能成为培养国防人才的引路灯和铺路石，成为中国青少年增长知识、发展智慧、启发学习兴趣、促进成才的亲密朋友，为普及国防知识、加强国防现代化建设贡献力量。

本丛书还有许多不足之处，望大家批评指正。

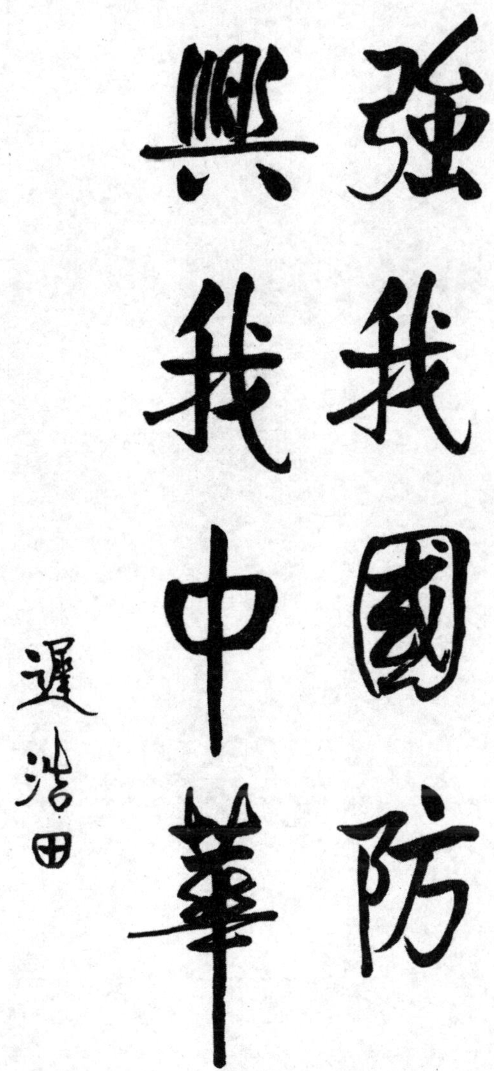

时任中央军委副主席、国务委员兼国防部长迟浩田为《青少年国防知识》丛书题词

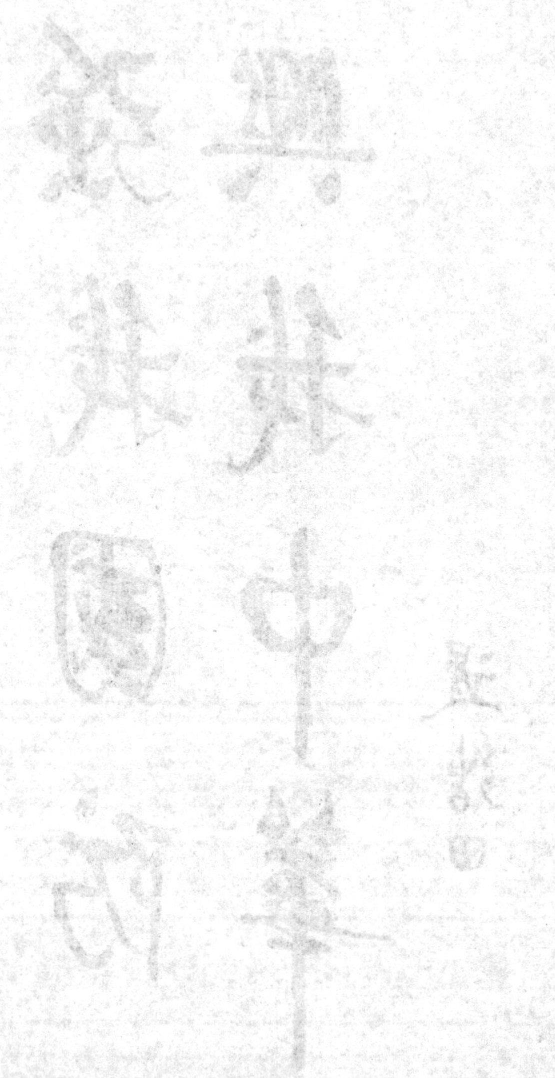

目　录

为什么军队现代化程度越高越离不开工程保障

工程保障是为保障军队作战行动所采取的一切工程措施。

古往今来的战争，无可争辩地证明，随着军队武器装备的发展，进行战役、战斗对工程保障的依赖性越来越大、要求越来越高。尤其是近20年来发生的第四次中东战争、马岛战争、海湾战争等典型的现代局部战争，都充分说明了由于高技术被广泛运用于军事、武器装备及与其相适应的作战理论和战法的飞跃发展，极大地提高了作战能力，使现代战争在时间、空间、杀伤破坏力、作战方式、指挥控制等诸多方面都发生了巨大而深刻的变化。例如，作战侦察已达到能对全球范围实施不间断地探测与监视。有的武器的射程已达到全球的每个角落；有的武器的射击精确度已达到“指到哪里，打到哪里”。利用高技术的常规武器，出现了超常规武器的火力性质。像精确制导武器、高爆子母弹、燃烧空气弹等，已具有可与小型核武器相比拟的毁伤威力。击毁一辆主战坦克，使用普通炮弹大约需要 2500 发，而使用制导炮弹只要 1～2 发就可以了。据实战和试验统计分析，利用精确制导武器比利用普通武器的作战效能提高 100～1000 倍，效费比提高 10～50 倍。

但是，一切高技术武器装备要想充分发挥作战效能，都必须首先能够在激烈对抗的战场上生存下来，能够在瞬息万变的战场上快速反应，

举世叹服的巍巍万里长城

不失时机地实施兵力、兵器和战线的机动，如此种种都要求有现代化的防护工程、隐真示假工程、机动保障工程等加以保障；与此同时，为削弱敌方的攻击锐势，不仅需要依托工事发扬歼敌火力，而且必须采取有效的反机动工程措施，使敌方丧失行动的自由，难以施展其武力，陷入被动挨打的境地。

另外，由于现代战争将在地面、海上、空中以至外层空间的多方向、多高层、全纵深同时展开，战场空间空前扩大，这就要求工程保障的范围，从前沿伸展到纵深，从正面扩展到翼侧，从地面发展到空中和水下；保障的对象，从陆军到海军、空军、战略导弹部队，以至国家的政治、经济、文化、军事等支持战争的潜在能力；保障的层次，从战斗到战役以至战争的全过程；保障的内容，从工程侦察到保障攻防作战行动的构筑掩蔽、战斗、指挥等工事，修建机场、港口，铺筑道路，架设桥梁，开设渡场，开辟通路，构筑给水站，实施工程伪装，设置障碍，进行破坏作业和以工程手段消除核武器、化学武器、生物武器袭击后果等方面。而且，不仅战时要实施工程保障，平时也要根据军事战略的演变和军事技术的发展，不间断地进行首脑工程、设防工程、战略基地工程、战备交通工程以及人防（民防）工程的建设，使国家具有地上长城、地下长城以至空中长城一体的维护独立、主权、领土完整和抵御外敌突然袭击的坚固国防，并为转入战时遂行工程保障任务打下坚实可靠的基础。只有这样，构成具有综合效能的工程保障体系，才能适应现代诸军兵种协同作战的要求，在激烈的突袭与反突袭、破坏与反破坏、机动与反机动的对抗中，使之立于不败之地。由此可见，进行现代战争必须要有现代化的工程保障；高技术武装的军队必须有高技术的工程保障，才能充分发挥其作战效能。

为什么二战时希特勒十几天就侵入苏联境内数百千米，并直逼首都莫斯科

羽翼初丰的希特勒，在《我的奋斗》一书中，叫嚣“要用德国的剑为德国的犁取得土地”。1939 年，这个战争狂人悍然发动了第二次世界大战，仅半年时间就灭亡了西欧 9 国，占领了整个巴尔干半岛的国家，“在西线无后顾之忧”时，撕毁了《苏德互不侵犯条约》，调转枪口指向苏联，集中了约 190 个师、4300 辆坦克和 4900 余架飞机、4700 余门火炮，共 550 万人，于 1941 年 6 月 22 日清晨 4 时，兵分 3 路，直指列宁格勒、莫斯科和基辅等战略要地，从巴伦支海至黑海的 3000 余千米正面上，展开了空前的大规模突袭。当天，德军就突破苏联防线，侵入 50～60 千米；到 7 月 9 日，前后仅 10 天时间，德军就深入苏联国境线以内 200～600 千米，完成了战略突破任务，很快直逼莫斯科城下，危及到整个苏联的存亡。

战争初期，希特勒之所以能如此得手，其重要原因是苏联被《苏德互不侵犯条约》所麻痹，对德军的战略突袭缺乏警惕，战争准备不足。尤其严重的是，在德军发动进攻的前一天，塔斯社竟发表了驳斥一些舆论说德国将要进攻苏联的声明，严重麻痹松懈了苏联人民和军队的斗志。因而，直到战争爆发时，苏联西部边境的国防工程尚未完成，第一线的一些部队还住在营房或野营地内，距离阵地 50～60 千米，飞机大

都集中停放在几个机场上。战争爆发的前一天，许多边防部队还在城里的广场上踏着乐队的鼓点，进行队列训练，仍呈现一派和平景象。结果遭到袭击时，部队已来不及进入阵地，飞机也来不及疏散隐蔽和起飞迎战。战争爆发的当天，苏联前线飞机就损失了 1200 余架，约占 4/5，使苏军失去了空中支援。由于纵深内的防护工程更少，特别是没有形成有重点的设防地域，兵分多处，经不住德军的猛烈冲击，头 3 个星期苏军就损失了 50 多个师，使德军得以长驱直入。另外，因为苏军的通信联络大都是利用地方的通信设施，缺乏防护能力，遭到破坏后，部队失去指挥，无法有组织、有计划地奋起抗战。历史深刻地告诉人们，“居安思危”是切切不可忘记的。

为什么说埃军夺取"十月战争"初期的主动权工程保障起了决定性作用

1967年，以色列在美国的支持下，发动了第三次中东战争，仅以6天时间就夺占了苏伊士运河东岸埃及的西奈半岛、叙利亚的戈兰高地和耶路撒冷的约旦管辖区等65000余平方千米的大片土地。以色列统治者，面对同仇敌忾的阿拉伯民族，为了达到长期霸占西奈半岛的目的，当时的以色列总参谋长巴列夫亲自谋划，用3年时间，花了数亿美元巨资，沿苏伊士运河东岸筑起了号称坚不可摧的"巴列夫防线"。这条防线长约160千米，纵深10千米，包括两个防御地带。第一防御地带又分两道防御阵地，阵地前有宽约200米的运河天险和高高陡立的沙堤作屏障。阵地上，地堡密布，火网交织，雷场、铁丝网连绵不断；并在地堡下埋设了一连串灌满石油的铁桶，用管道直通运河水下，据称只要一按电钮石油就会喷出水面，使整个运河变成一片火海，让强渡苏伊士运河的埃军覆没。"巴列夫防线"确曾显赫一时，发挥了巨大威胁作用，使埃军一筹莫展。

而事物总有两面性，以军高枕"巴列夫防线"，逐渐放松了警惕；埃军却卧薪尝胆，一刻也没放弃收复失地的苦练。

1971年的一天夜晚，埃军工兵司令阿里应召来到国防部长办公室。伊斯梅尔部长说："阿里将军，在未来神圣的进攻作战中，我们的坦克

和重武器必须在发起进攻后的24小时内开过运河。要求你在12小时内，在对岸沙堤上挖开60个口子，并在运河上架设10座浮桥，供坦克和大部队通过。”阿里沉思片刻说：“架桥问题不大，可是要在沙堤上掘开那么多口子，恐怕——”没等阿里说完，总参谋长沙兹利就斩钉截铁地说：“必须想办法按时完成，否则我们的坦克不能及时开过去，以色列的装甲后备部队就会有足够时间赶到前线，这将对我们非常不利!”

工兵司令回去以后，连夜召开紧急会议研究良策，却迟迟拿不出好办法来。这也难怪，要在高达18～35米、底宽25米、顶宽10米的巨型沙堤上打开1个口子，就要搬走1500立方米的沙土，若靠人力和普通机械是无论如何也达不到要求的；况且还要同时打开60个口子。后来一位工兵参谋突然求见工兵司令，他献出一计：以高压水枪冲沙掘堤。经过试验，一举成功。在1973年的第四次中东战争爆发后，埃军工程兵不到5小时就在沙堤上打开了60条通道。利用新型带式舟桥，仅9个小时就在苏伊士运河上架起10座浮桥，还架设了两座水面浮桥，并开设了50个门桥渡场。以军设在水下的秘密喷油管道口，也早被埃军潜水员用速凝水泥堵得死死的，怎么按电钮也无动于衷了。天堑变通途，埃军6万余人、500辆坦克和火箭、导弹部队，如猛虎下山，浩浩荡荡跨过苏伊士运河，不到24小时就一举全线突破“巴列夫防线”，取得了战争初期的决定性胜利。

所以，战后总结经验中，军事家们盛赞埃军的工程保障在夺取战争初期的主动权中，发挥了决定性的作用。

为什么在海湾战争中“沙漠风暴”刮了那么长时间

在世界战略格局新旧交替之际，美国为了保全其全球战略利益，联合英、法、德、意、加拿大、土耳其、埃及等欧、亚、美、非4大洲的38个国家，经过5个多月的周密准备，于1991年1月17日凌晨，对伊拉克发动了举世震惊的海湾战争。在这场被称为“高技术、大比武”的战争中，以美国为首的多国部队，投入了当代最先进的空战、海战、陆战武器装备和战斗力最强的精锐部队，一开始，就展开了以空袭为主要特征的“沙漠风暴”行动。他们以巡航导弹攻击为先导，使用了最先进的侦察、精确制导、隐身技术，每日出动飞机2000余架次，最高时达3000架次，是朝鲜战争的3倍、越南战争的6倍，首次空袭每日投弹达1.8万吨，相当于第二次世界大战时美国投在日本长崎的原子弹当量。其出动兵力之多，使用武器之先进，攻击强度之大，都是破天荒的。起初，美军声称出不了1周时间，就可以摧毁伊拉克的“战争机器”，结束这场战争。可是，空袭总也达不到预期的效果，伊拉克总统萨达姆仍安然地在指挥着作战，导弹部队仍在发射“飞毛腿导弹”，坦克、火炮大都完好无损，道道防线依然存在。多国部队的空袭，不得不一延再延，一直进行了38天，才敢发动地面攻势。

小小的伊拉克之所以能抗得住多国部队这样猛烈的狂轰滥炸，原因

是多方面的，但有一点却是公认的，那就是伊拉克的工程保障发挥了巨大作用。萨达姆自1979年任总统以后，就不惜数千亿美元的重金大力加强国防工程建设，构筑了极其坚固的战略指挥工程和大量的导弹发射工事；耗资数十亿美元修建了8个超级的现代化空、海军基地，建设了300多个极其坚固的飞机库，每库中可存放数10架飞机。

萨达姆策划在巴格达总统府地下修建的地下宫殿，主体工程坐落在巨大的橡胶垫子和支承弹簧上。据称，当多国部队的炸弹在宫殿上面爆炸时，宫殿里连震动都没感觉到，萨达姆仍在照常召开会议。除此之外，伊拉克还在国防部、行政大楼、通信中心、首都机场等多处修建了地下防护工程，并以隧道相连。总统府下的指挥所建有通往巴格达西北郊区长达数10千米的隧道，形成了庞大的地下指挥体系。伊拉克的高级指挥人员可以随时在地下活动，因而被西方称为“萨达姆的地下迷宫”。因此，多国部队千方百计想炸死萨达姆，却总未能得逞。不仅如此，整个巴格达的地下几乎处处都有可供藏、打、吃、住的工事，可容纳4.8万名指战员。这些坚固完善的防护工程体系，成为保证战争机器炸不烂、打不垮的重要条件。

另外，自两伊战争以来，伊拉克就沿伊沙、科沙边界构筑了长达240千米、宽7～8千米，由多道工事群、地雷场、防坦克壕、沙堤、铁丝网和制造火障碍可灌注石油的沟壕等组成的“萨达姆防线”及“沙漠要塞”，成为威胁多国部队发动地面进攻的重重拦路虎。不仅如此，伊军还建立了具有快速反应能力的战场随机工程保障体系，24小时之内可以把20％的被炸导弹阵地、机场跑道、交通枢纽和化学武器工厂等重要目标修复好，有的公路、铁路、机场被炸后，几小时就可恢复使用，使多国部队不得不反复轰炸。由于多国部队迟迟未能达到预期的空袭效果，因而不敢贸然发起地面进攻。

为什么说强固的国防工程是构成国防总威胁力量的重要组成部分

国防工程是为保卫国家主权、领土完整和安全，抵御外来武装侵略所建造的一切军事工程设施，有直接用于军队作战的战略指挥工程，陆军设防工程，海、空军和战略导弹部队基地工程，后方工程，人防工程和通信设施工程等。

国防威胁力量包括进攻能力和防御能力两个方面。国防工程之所以是国防总威胁力量的重要组成部分，完全是由于其内在功能和在军事实力中所具有的作用、地位所决定的。

第一，国防工程是战略指挥系统安全和稳定的重要保证。战略指挥系统是国家和军队的大脑，战略指挥系统一旦被摧毁，就意味着整个作战力量的瘫痪与瓦解。因此，各国都把战略指挥系统视若生命，采取种种方法提高其生存能力，保持其稳定运转。像美国就将北美防空司令部的防护工程构筑在地下400余米深处，并采取了特殊的防护措施。

第二，国防工程可以保证战略武器的反击能力。威胁力量的大小不仅表现在拥有战略武器的数量和实施首次打击的能力上，更重要的表现在遭受战略打击后，能有效地保存战略武器的数量，从而保持强大的战略反击能力。为此，各国在发展空中、水下与陆上机动发射系统和空中拦截系统的同时，无不重视利用防护工程提高战略武器的生存能力。缺

少防护的战略武器，如同被毁掉的装甲战车，不堪一击，而失去威胁作用。

第三，国防工程可以弥补武器装备之不足，提高综合作战能力，为以劣胜优创造条件。据实战和多项研究证明，有筑城准备的防御，可使人员伤亡率减少 20%；使敌方坦克损耗增大 40%，进攻速度降低 87%。美军运用现代计算机技术对第二次世界大战后发生的一些局部战争进行统计分析得出结论：防御一方有筑城准备比无筑城准备的综合战斗效率可提高 3.7 倍。可见，防护工程不仅是构成战斗力的重要因素，而且是战斗力的倍增器。

第四，多道带、大纵深、高强度的障碍与火力紧密结合构成的立体设防阵地与要塞，能有效地阻滞敌人进攻，可弥补由于敌人突然袭击造成的“时间差”，以空间换取时间，从被动中争取主动。

第五，人防工程能有效地保存战时可能动员起来用于作战的人力、物力、财力和生产能力等战争潜力。连坚持武器制胜论的美国，也认为民防是“战略威胁力量态势中一个必不可少的部分”。

“安而不忘危，存而不忘亡”，是我中华民族自立于世界民族之林的一条重要经验。孙子曰：“无恃其不来，恃吾有以待也；无恃其不攻，恃吾有所不攻也。”就是说，坚强的防御，能让敌望而生畏，使潜在的敌人认识到，采取进攻行动的代价和风险大于可望获得的利益，因而放弃使用武力；或在低强度武力条件下挫败对方，从而遏制战争的升级。这便是强固的国防工程具有巨大威胁作用之所在。

为什么美国修建北美防空司令部指挥所要投入数亿美元的巨资

北美防空司令部是美国全球指挥控制中心的一个高级指挥所，它担负着美国空间探测和跟踪战略预警、防空和对地面、空中核爆炸探测等项任务。该工程始建于1961年，1966年建成投入使用；1972至1974年，进行扩建和抗核加固，并对电子通信设备进行了改进；20世纪80年代初，又全面更新了电子通信设备，以高速大型计算机替换了老式计算机，大幅度提高了信息处理能力，并全面提高了电子设备抗核电磁脉冲破坏的能力。20余年来，北美防空司令部指挥工程经过不断地加强完善，已形成由4.8千米坑道和14幢地下建筑物构成的总面积达23000余平方米的地下城；内设作战指挥中心、空间防御中心、计算机中心、气象中心、情报中心、医疗中心和空调、淋浴、餐饮、贮水、贮油、仓库等保障作战、生活的设施，可容纳900人在内工作，在与外界隔绝的条件下，可维持自给1个月，成为全美最完善、最坚固、最先进的战略指挥工程。据报道，截至1974年，已为该指挥中心付出了2.38亿美元，其中工程建筑费就达8000多万美元，这还是由美军工程兵负责承建的，并未纳入市场运作，此后更新换代改造的费用更大。

为什么修建该地下工程耗资如此巨大呢？只要揭开它复杂的防护秘密便可明白了。

为了增强抗御高精度、远距离制导核武器打击的能力，提高指挥系统的生存力和稳定性，不仅是将北美防空司令部的主体工程构筑在地下360～525米深的花岗岩层中，而且采取了多种工程防护措施：一是防冲击波措施。入口处都设有500米以上的消波道和两道电控连锁防护门。二是抗震措施。设计师们独出心裁，将各个地下楼房都分别用大弹簧支撑起来，下不着地，上不顶拱，前后左右不靠墙。弹簧用直径7.6厘米的圆钢制成，高约120厘米、直径60厘米，每个重690千克，可承受30吨重的压力。其中11幢楼房支承在937个弹簧上。除弹簧支承外，在建筑物下面还装有液压减震器，通道、管道、电器设备之间均采用柔性连接，并在各种设备上加了减震装置；当受到地震和冲击波的作用时，会很快稳定下来。因此，这个工程的各个组成部分，都具有极强的抗震性能。三是防电磁脉冲措施。核爆炸时，能产生一种很容易穿透岩土并在电气系统的元件上产生高压电磁脉冲，会严重干扰

支承北美防空司令部地下主体工程的大弹簧

电子设备，特别是无线电通信和计算机的工作，甚至造成毁灭性破坏。为屏蔽电磁脉冲，工程中的各楼房全部用9.5毫米厚的钢板做成外壳，所有管线、电气设备等都进行了严密的抗电磁脉冲处理。四是防化学、细菌、放射性污染措施。地下工程中设有完善的密闭、虑毒通风、消除污染设施，保持内部环境不受外部影响。由此可见，建造这样周全复杂的现代化地下指挥控制中心，是必须以巨额投入作保证的。

为什么许多国家大量修建人防工程

人民防空是动员和组织城镇居民防备敌人空中袭击消除空袭后果所采取的防护措施和行动，简称“人防”，国外称“民防”。

人防（民防）工程是为保障人民防空的指挥、通信、掩蔽等需要而建造的防护工程；按其使用功能分为指挥工程、人防专业队工程、人员掩蔽工程、交通工程、生产工程、物资贮备工程等。

第二次世界大战后，人防（民防）工程建设引起世界各国的普遍重视。据统计，已有100多个国家和地区进行了人防（民防）工程建设。早在20世纪70年代末期，苏联的民防工程已可容纳全国70%以上的人口。美国有2.1亿人口，而防核武器综合杀伤破坏的掩蔽部就可容纳1亿人，如果加上专门防护放射性污染的掩蔽部，则可容纳2.2亿人；他们还考虑到遭受核袭击时，有些人可能正在工作单位或路上，所以计划改建和新建总共可容纳2.4亿人的各种掩蔽部。日本是唯一遭受过核武器袭击的国家，曾有过惨痛的教训，使他们倍加重视民防工程建设，已在大、中城市修建了大量的地下商场、地下街、地下铁道，几乎在地下又建造了一个日本国。第二次世界大战后，一些中立国家，尤其重视民防工程建设，以巩固其中立地位。像瑞士、瑞典等国的民防工程都可为全国85%以上的人口提供防护。

各国之所以如此重视民防工程建设，是因为历次的世界大战和重要的局部战争告诉人们，随着武器装备的发展和作战样式的变化，战争的破坏力日益增大。但是由于军队的战场生存力不断提高，在战争中平民的死亡率与军人的死亡率相比，出现了上升的趋势。第一次世界大战死亡的1050万人中，军人为1000万，占95%；平民为50万，仅占5%。第二次世界大战死亡的5000万人中，军人为2600万，占52%；平民为2400万，占48%。朝鲜战争死亡的60万人中，军人为10万，占17%；平民为50万，占83%。到越南战争，死亡的315万人中，军人为15万，仅占5%；而平民死亡达300万人，所占比率猛增至95%。被军事家们称为开创高技术战争新纪元的海湾战争，死亡的人数尚无正式统计数字，据报道多国部队仅阵亡340人。可是，那样猛烈持续地对伊拉克全面轰炸，激烈时1天投弹量就相当于第二次世界大战时在日本长崎投下的原子弹当量，可以想见其对平民的杀伤和对非军事设施的破坏是何等严重。据说，伊拉克遭受了2000多亿美元的损失。

实践证明，人防（民防）工程建设直接关系着战时平民的生命安全。英国在第一次世界大战中遭受德军空袭，伤亡惨重，战后便大力加

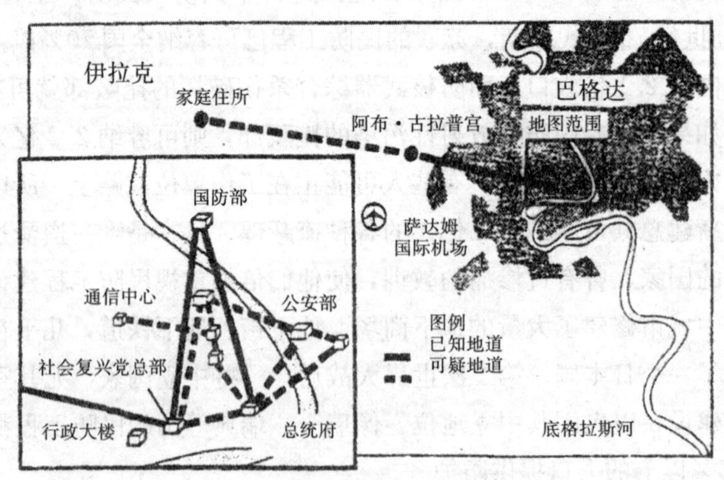

伊拉克首都巴格达的地下城

强民防建设；在第二次世界大战时，虽遭到德军轰炸机和火箭的猛烈空袭，平民仅死亡62000人。而苏联由于没有重视民防建设，在第二次世界大战期间平民死亡近700万人。据苏联军事家们估算，在遭受核袭击时，一个没有采取防护措施的城市，平民伤亡可达90%；而采取了疏散、防护措施的城市，平民伤亡只有5%～8%。因此，他们认为，“民防是保卫国家安危的一个重要的战略措施”。美国视民防为“整个威胁力量态势中的一个必不可少的部分”。德国、瑞典等国则称，民防是“总体防御的重要支柱”。日本提出，其本土防卫应“以民防为中心进行考虑”。同时，越来越多的军事家们认为，未来战争的最后胜利者，将是在核打击下能保存下来并迅速恢复国民经济和支援战争的民族。这一切都揭示了许多国家面对着远射程、高精度、大破坏力的高技术武器和核、化学、生物武器严重威胁的情况下，大力加强人防（民防）工程建设的原因。

为什么人防工程建设强调“平战结合”

各国在发展人防（民防）工程建设中都不约而同地走着一条“平战结合”的道路，强调民防工程应发挥和平时期与战争时期的双重功能。这从客观上讲是由于时代特点决定的。当今，是“和平与发展”的时代，一方面是冷战结束了，人们正集中力量利用新技术革命的强大动力发展经济；另一方面是产生战争的根源——帝国主义和各种霸权主义依然存在，因而客观要求人们居安思危，防患于未然、坚持民防工程建设兼顾经济效益和战备效益并举。从主体上讲，走“平战结合”的道路是由于民防工程的自身特点决定的。民防工程主要集中在城市，其中除了那些不便开放的专门用于战斗的发射工事和机密性较强的指挥工程等，绝大部分都具有平时利用的双重功能和价值，像掩蔽工事，可作为地下商场、旅馆、游乐场、工厂、仓库、停车场等使用，干道可作为交通道路等使用。早在20世纪80年代初期，北京市的人防工程平时利用的已达总面积的1/3，既增加了生产，方便了群众生活，又扩大了就业门路。所以，“平战结合”是发展人防（民防）工程建设的潜力所在。只有充分发挥人防（民防）工程的双重效益，才能调动各方面的积极性，形成“以人（民）防养人（民）防”的良性循环。

总结世界各国发挥人防（民防）工程平时与战争双重功能的建设经验，概括起来有“四个结合”：一是地上建筑与地下建筑结合。像美国

的国际贸易大楼，地面为11层，地下为6层，包括四通八达的地铁车站和能容纳2000辆汽车的停车场。二是地下交通与活动中心结合。像日本名古屋市中心的车站区，地下建设了包括200多个商店的大型商业中心，每天流动人口达50万之多。三是上下竖向结合。像德国慕尼黑卡尔广场，地下第一层为人行道和商业区；第二层为商店的仓库、地铁车站和郊区铁路；第三、四层为地下汽车停车场、修理厂和郊区铁路车站；第五、六层为地下车站和地下铁道，层间有通道相连。四是近期与远期结合。像日本，在制定“国土开发计划”和“城市建设计划”中设想了一个城市地下化的百年规划，拟在地下100米深处，挖一直径30米以上的隧道，把日本全国在地下连通起来。隧道分上、下两层，内设可容纳4列时速达500千米的电车行驶；隧道底部设输水、输油管道和水库、发电站等。施工中挖出的土用于填海造地。每隔150千米，设置1个车站，在地面兴建1个理想的田园化城市，从而将地上、地下结合起来，提高经济效益和战备效益。据国外专家称，坚持平战结合发展民防工程，不仅可节约65％～85％的投资，而且可以扩大城市建设的空间，加速城市的现代化改造。

平战结合进行人防（民防）工程建设中还有一个易被忽视的问题，就是充分利用人防（民防）工程抗御除战争之外的天灾人祸等突发事件。例如，在发生地震、化学爆炸或泄溢时，利用人防（民防）工程进行防护是十分有效的。因此，1994年10月25日召开的北京市人民防空委员会会议强调：“加强首都人防建设，逐步建立城市防空与防毁抗灾相结合的人民防空体系,确保首都安全”。

为什么有人称“原子时代即地下时代”

在第二次世界大战即将结束之际，美国于1945年8月6日和9日，在日本广岛、长崎先后投下了两颗原子弹，从此开创了战争史上使用灭绝人性的原子武器（核武器）时代。这次史无前例的大屠杀，使日本死伤24万人，其中死亡达11万人；两个城市建筑被毁60%～80%，绝大部分被夷为平地。

人们在总结这次事件的教训时提出，日本对美国实施的核袭击毫无防备是造成巨大伤亡、破坏的主要原因。当时这两座城市不仅没有坚固的民防掩蔽工事，而且居民竟无防原子弹武器的知识，甚至原子弹爆炸后，许多人还好奇地跑到爆炸污染区游荡观光，一些人就是在这种情况下被辐射杀伤的。

广岛、长崎的惨剧极大地震撼了整个国际社会。为了防止核灾难的重演，人们一方面在为禁止发展和使用核武器而不懈努力，一方面不得不大力加强防护工程的建设。由于核武器是利用原子弹裂变和聚变在瞬间产生出巨大的能量，造成大范围、长时间的多种杀伤破坏效应，所以当今最为可靠的防护工程莫过于深入地下。这样既可以提高综合防护能力、减小地面目标，又可以扩大人类的生存空间，减轻“地面压力”。日本政府认为，在未来战争中城市防空最理想的方法是实现地下化，建立地下城市；还强调首脑机关、军工厂、交通枢纽、战略储备库及医疗

设施等必须转入地下。许多国家首先是把重要的军事指挥工程、战略基地工程和物资贮备工程深入地下。例如，据美国中央情报局报告，苏联在莫斯科周围160千米范围内修建了75个专供政治局、总参谋部和高级政府机关使用的深入地下数百英尺、可承受6.87兆帕（70千克力/厘米^2）超压的国家级指挥所。法国的三军参谋部大楼的地下修建了深达10米的钢筋混凝土工事作为指挥中心。1984年交付使用的日本最现代化的指挥控制系统，其心脏——中央指挥所，坐落在东京都港区赤坂的防卫厅大院内，地上两层，地下3层，总面积5000余平方米，深入地下30余米。当今，建于地下最深的首脑工程还要属位于美国斯普拉斯市西南夏延山地下的美国全球指挥控制中心高级指挥所——北美防空司令部，其主体工程深入地下360～525米的花岗岩层中，一般百万吨以下当量核弹直接命中也不会破坏。

不仅首脑指挥工程和大量C^3I系统在转入地下，连陆军阵地防护工程和空军、海军、战略导弹部队的重要基地工程也都力求深入地下。

在军队大力发展地下工程的同时，许多国家在首都和大城市，以至中小城市广泛兴建地下民防工程、地下交通线、地下汽车停车场、地下商店、地下娱乐中心、地下旅馆、地下医院、地下学校、地下图书馆、地下工厂、地下仓库，甚至地下发电和供水设施也遍布于世界各大中城市，不少已形成了地下城。专家们认为，在未来战争中，城市的防空最理想的办法是实现地下化。

尽管世界人民为禁止使用核武器进行的斗争取得了很大的胜利，1993年1月，美俄又签署了《第二阶段削减战略武器条约》，然而，这只不过是“削减部署，增加贮备，保存实力”而已，他们仍把战略核力量作为战略威胁的主要手段，继续实施战略核力量的现代化计划，使核武器的杀伤破坏力非但没有减小，反而成倍提高。因此，许多国家一刻也不放松对核打击的防御准备。美国正拟在马姆斯特罗姆山区建一个深达地下1000～2000米的地下指挥中心，以逐渐取代已暴露目标的原

俄军新型“台风”级和D_4级弹道导弹核潜艇进出隧洞的情景

北美防空司令部工程。

美国还计划在20世纪90年代建成能抗住大规模核袭击的大型超深地下洲际导弹基地。该基地深入地下750～1050米，总长达600余千米，部署带有10个弹头的洲际导弹及小型的单弹头导弹。按其设想，一旦遭受核袭击，部署在基地内的导弹便沿竖井升至地面进行发射。基地还贮存有各种卫星，当轨道上的己方卫星遭到破坏时，可及时发射上天，以确保C^3I系统的畅通，估计需要500亿美元建造经费，能于20世纪90年代中、后期投入使用。

由此可见，有人称“原子时代即地下时代”是不无道理的。

为什么向混凝土中掺加纤维

混凝土，几乎是所有现代建筑工程都少不了的材料。但是，它是一种脆性材料，虽然抗压强度很高，但抗拉强度低，构件受力后，有很小的裂缝就会导致断裂，尤其是经不起强力冲击。于是，人们从在灰浆中加入麻刀、马鬃等可以增强其强度、防止干裂的经验中，想到在混凝土中掺入新型材料的办法。果然如愿以偿，使这种被称为纤维混凝土的建筑材料，表现出很高的抗拉、抗弯、抗冲击、抗磨损和抗热等优良性能，使脆性的混凝土一下变成了塑性材料。

1971年，美国陆军工程部研究室，利用钢纤维混凝土构筑了厚度为15.2厘米的飞机跑道，不仅能承受340吨的C-5A运输机起落，而且经过反复冲击4500余次，仍完好无损。可是，25.4厘米厚的同标号无纤维混凝土跑道，用这种飞机起落冲击700次就被破损不堪了。后来在这破碎的跑道上敷设了一层10.2厘米厚的钢纤维混凝土，又经过3200次的起落冲击，仍可照常使用。1972年，美国运用这项新技术建造了供波音-727型飞机起降的达姆巴城国际机场，取得了很好的效果。从此，这项新技术引起了各国专家的重视，并竞相采用。英国利用纤维混凝土建造原子反应堆的墙壁，使钢筋用量大大减少、抗力提高、裂缝也得到很好的控制。除钢纤维混凝土以外，一些国家还进一步研究出玻璃纤维混凝土、化学纤维混凝土，用于建造高楼、厂房、桥梁、高速公路等，都取得了可喜的效果。

混凝土中掺入纤维以后之所以能提高强度，是由于纤维具有很高的抗拉强度和弹性模量，而且其强度是随纤维直径的减小而成倍提高的。所以，直径仅有零点几毫米的纤维，即使在1立方米的混凝土中只加入1%就有数百万根，其表面积高达数百平方米，从而使结构物的受力状况大为改善。据试验，掺入2%（体积）的钢纤维混凝土比普通混凝土极限抗弯强度提高2倍、抗压强度提高1.22倍、抗剪强度提高1.75倍、抗冲击韧性提高3.25倍、抗磨损提高2倍、抗热作用提高3倍、耐冻融性提高2倍，而且由脆性破坏变为塑性破坏。一般纤维混凝土中的纤维越细、含量越大，其抗拉强度越高。但是，随着纤维含量的提高，搅拌的均匀性显著降低，反而影响结构物的强度，所以纤维含量以不超过4%为宜。另外，现代科学还提供了增强掺加的纤维与混凝土黏结力的技术。例如，在钢纤维表面涂一层环氧树脂和水泥，可提高与混凝土的黏结度5.7倍；将纤维加工成折曲、竹节形或端部轧扁等，可提高与混凝土的黏结度4～10倍。

由于纤维混凝土具有良好的韧性、耐腐蚀、抗老化、无裂缝，所以很适宜建造曲面薄壳型结构物，例如贮油灌、管道、大跨度屋顶、水利设施、船舶等，有的国家还用纤维混凝土建造了水上停车场。纤维混凝土还具有良好的导热性能，可用于建造耐高温的结构物。用钢纤维混凝土制造的炼钢平炉门的内衬，能经受1600～2000℃的高温；玻璃纤维混凝土板可经受0.5～1小时的火烧。利用玻璃纤维混凝土和泡沫塑料等轻质材料制作的墙板、顶板，重量轻、质量好，一块长2.2米、宽1.5米的平板两人就可搬运、安装。英国成功地利用这种材料建造了11层的楼房。利用纤维混凝土薄板做浇铸钢筋混凝土的模板，成型后与结构物连成一体，不必拆模，而且表面光洁美观。这种新型混凝土材料运用在军事工程上，如建造掩蔽部、指挥所、射击工事等都大有可为。

纤维混凝土结构物的整体性不如钢筋混凝土，但是它与钢筋混凝土

结合使用，能增强构件的承重能力、提高钢筋利用系数、减小脆性破坏的危险性。例如，将钢纤维和长尼龙丝加入钢筋混凝土中建造的抗爆工事，既能提高抗炮、炸弹的强度，又可以避免工事被炸时产生飞散破片杀伤人员、破坏内部设备。因此，在国防工程中，利用纤维混凝土被覆坑道，制作装配式工事，构筑指挥所、掩蔽部和火箭、火炮等火力工事，都有广阔的用场。

为什么不用“打眼放炮”就能在岩层中开凿出隧洞

当今，不仅军事工程在向地下发展，民用工业、交通、商业等设施也在向地下发展。为适应大规模地下工程建设的需要，许多国家在保留传统的“打眼放炮”爆破掘进方法的同时，积极探索利用机械、化学、电子等先进技术在岩层中开凿隧洞，出现了形形色色崭新的地下掘进方法。

奇特的穿山甲 从20世纪50年代开始，首先是美、日、瑞典、前联邦德国等国家，突破了传统的打眼放炮开凿隧洞的方法，研制出岩石掘进机。经过几十年的发展，目前掘进机在许多国家的地下工程建设中，已成为一种主要机械。

岩石掘进机仿佛是一个巨型穿山甲，机头上装有可咬碎岩石的牙齿——刀具。这种特殊牙齿由高级合金钢制成，它异常坚韧、锐利，当机身以强大的力量向前推进时，刀具旋转，将岩石切削下来，经输送机排出洞外，其掘进速度最高每月可达两千余米。一次开挖出的隧洞直径达2～12米；如采取二次掘进法，开凿直径可达15米以上。与打孔爆破法相比，岩石掘进机的速度快数倍至数十倍，而且省人、省力、施工安全、成洞规整。

开凿隧洞的火炮 美国还试验用滑膛炮，发射混凝土炮弹来破碎岩

石，进行坑道掘进。据试验，这种炮弹发射后初速为每秒 500 米；每放 1 炮可打下岩石 1.5 吨；用于开凿直径 3 米的坑道，日进度可达 68 米，比一般打眼放炮的方法快 3 倍多，而成本费用降低约 1/3。他们还设想，用大口径的火炮和液体炸药，发射重磅混凝土炮弹，开掘大跨度的坑道，使掘进速度加倍提高，使成本大幅度下降。

不怕顽石的水炮　美国研制了一种用于地下掘进的水炮，主要由高压水泵和喷嘴构成；从水炮中喷射出来的水速高达 300 米/秒以上，水压高达 448.17 兆帕（4570 千克力/厘米^2），能穿入石灰岩 15 厘米深；每秒钟发射 1 炮，可连续发射。据在石灰岩中掘进试验，用 6 门水炮，

正在进行内部被覆的坑道

1小时可开挖出直径6米、长3米的坑道，比普通的掘进机快2.5～5倍。

喷水的掘进机 这种掘进机头上，装有31个孔径仅有0.2～0.4毫米的喷嘴和21个能切割岩石的盘形刀具；机身有1个高压水泵，水经高压水泵加压，从喷嘴射出时压力高达413.65兆帕（4218千克力/厘米^2）。这样高的压力，远远超过了岩石的抗压强度。31个喷嘴恰似31把特殊的钢锥，将岩层戳破，紧接着盘形刀具将岩石一块块切割下来。据在花岗岩中试验，比普通掘进机功效高1倍，成本降低30%，特别适用在坚硬岩层中开挖地下工程。

凿岩的电子束 这种掘进机上装有1个强流电子束发生器，可将脉冲频率为几百赫兹的数兆电子伏特的强流电子束射向岩层，使岩石发生膨胀；当膨胀力超过岩石的抗拉强度时，岩石便破碎，被剥落下来。据报道，苏联将这种新技术运用到联合隧道掘进机上，收到很好的效果。

软化岩石的药剂 美国麻省理工学院研制出一种能使坚硬岩石变软的化学药剂。将这种软化剂喷涂到掘进面上，岩石的硬度会立即降低50%，再利用岩石掘进机开挖，便可大大加快进度。

高技术正日新月异地改变着传统的地下掘进方法，推动着国防工程建设的发展。

为什么有了强固的永备筑城还要进行野战筑城

筑城是为保存和提高武装力量的战斗力所进行的防护性工程构筑，包括筑城工事、筑城障碍物及其所组成的阵地工程体系。按构筑工程的性质分为永备筑城和野战筑城。永备筑城是根据战略部署，在国家的海防、边防及纵深战略要地的预定坚守地区，利用钢筋混凝土、装甲构件等坚固耐久的建筑材料和现代的内部设备预先构筑的永久性阵地工程、指挥工程和基地工程等，对现代武器的杀伤破坏，具有较强的抵抗能力。野战筑城是在战役、战斗准备和实施过程中，根据临时的作战任务，因地制宜、就地取材，突击构筑的临时性工程，一般抗力较低，工事内部设备较简陋。

为了抗御敌人的侵略、保卫国家主权和领土的完整，从 20 世纪 50 年代初期，我国就在边防、海防和战略纵深要地，开始了坚固的永久性设防工程的构筑，广大指战员和全国人民经过 40 余年的携手营建，已形成了以坑道——地下长城等永备工事为骨干，以反坦克支撑点为基础的大纵深、多层次、立体、环形的坚固阵地设防工程体系，再也不是新中国成立前的“有国无防”了。

面对这一情况，有人便认为野战筑城没多大作用了。其实，有了坚固的永备筑城，丝毫也没有降低野战筑城的作用。这是因为现代战争战场范围广阔、战线变化不定、攻防转换频繁、战争进程异常激烈的缘故。今日的后方，明日可能成为前方，因而平时构筑的永备筑城工程再多，也不可能完全满足瞬息万变的作战需要。即使在预设的战场上作战，也需要在阵地翼侧、间隙地、接合部等处，用野战工事和障碍物来补充永备筑城的不足；在掩护阵地、警戒阵地等处，更需要用野战筑城来阻滞敌人的突然袭击，迫使敌人过早展开，为我军以空间换取时间，调整部署，夺取战役、战斗的主动权创造条件。在进攻作战中，也必须在集结地域和进攻出发阵地实施野战筑城，以隐蔽企图，掩护进攻准备。可见，不论是在野战阵地防御中还是在坚固阵地防御中，也不论是在防御作战还是进攻作战中，都需要在临战前和战斗过程中，不断地构筑和完善供临时使用的野战工事和障碍物，以适时为部队创造同敌抗争的有利条件。

20世纪50年代初期，美帝国主义悍然纠集16国军队大举进犯朝鲜人民共和国。在上甘岭战役中，敌人集中了6万余人、570余门火炮、170余辆坦克、3000余架次飞机，发疯似地对我军抗美援朝志愿军阵地的3.7平方千米狭长地带狂轰滥炸，每天发射炮弹2万余发，最多时1天竟发射30万发，如此轮番攻击，把山头都削下去1米多。而我志愿军以大无畏的气慨，在临战前和战斗间隙利用手中的圆锹、十字镐、炸药和一些就地搜集的材料，构筑起4.2万米长的坑道，22万米长的堑壕、交通壕，以及240余个明、暗火力点，并构筑了大量防坦克、防步兵障碍物，形成了以坑道为骨干的支撑点式防御阵地；数万名官兵依托这种野战阵地，打藏结合、消耗、歼灭敌人，奋战43昼夜，歼敌2.5万余人，击毁、击伤敌机300余架，击毁坦克14辆和大口径火炮61门，彻底粉碎了敌人的“金化攻势”，结果不得不坐下来同我军谈判。

经过数千年的战火锻造，现代野战筑城已发展成包括野战工事和筑城障碍物的完整体系。按照野战工事的用途不同，分为射击工事、观察工事、指挥工事、掩蔽工事、堑壕和交通壕等。根据构筑的方法不同，野战工事可以从地面向下挖掘，构筑成掘开式工事；也可以像掏地洞一样构筑成暗挖式工事；还可以像在地面上垒房子一样，用石、土、木料、钢筋混凝土等材料构筑成堆积式工事。从工事掩蔽方式的

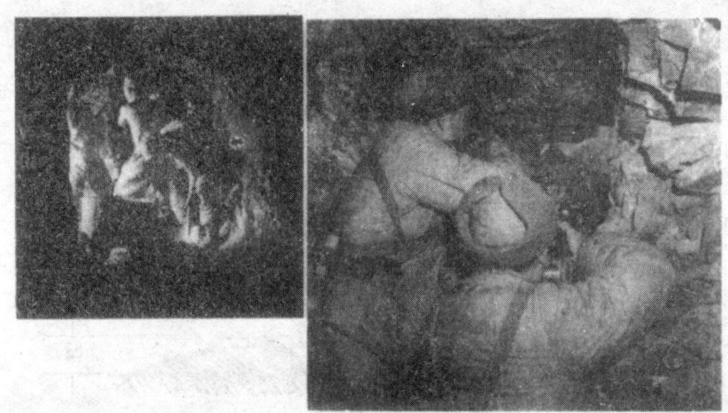

战斗在上甘岭阵地上的志愿军抓紧战斗间隙抢修野战工事，打藏结合歼灭敌人

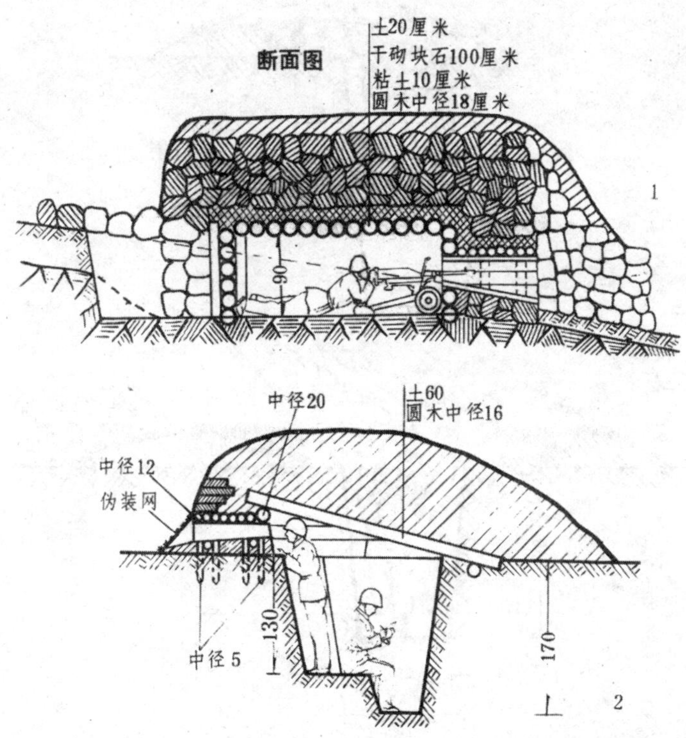

堆积式野战工事（1. 机枪工事；2. 观察所）

不同来看，有的顶部不加掩盖，称为“露天工事”；有的顶部加有一定防护力的掩盖，称为“掩盖工事”。在野战筑城中，还有一类与工事的

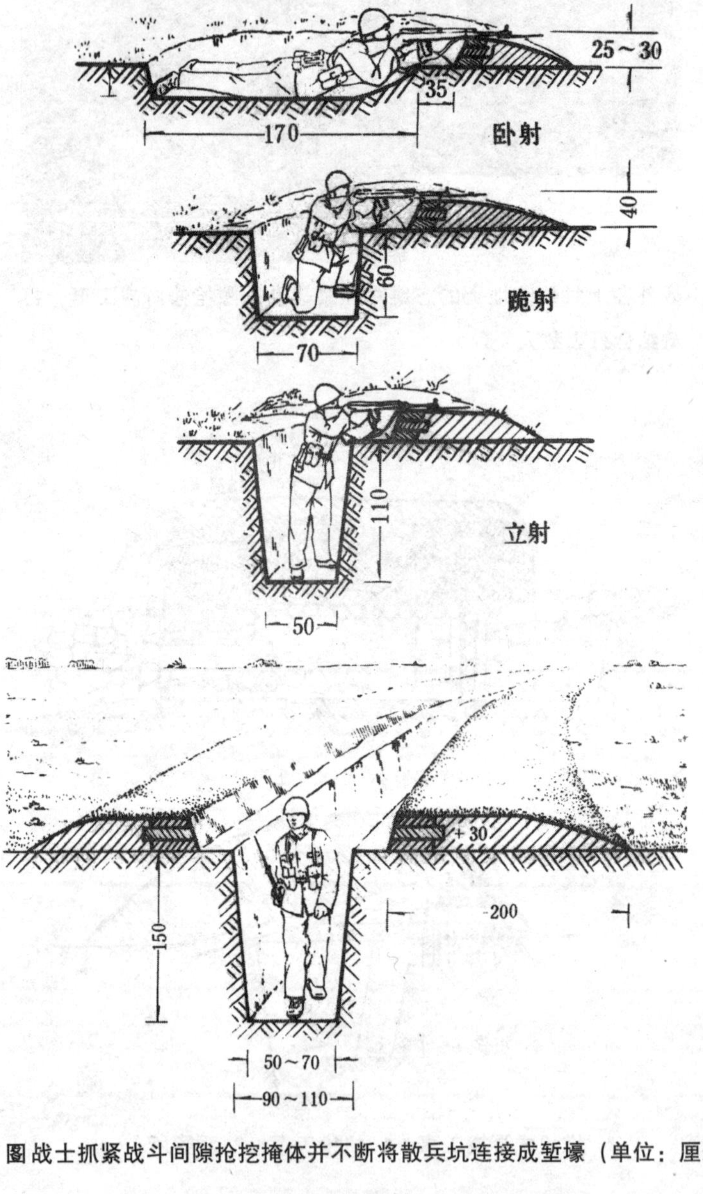

图战士抓紧战斗间隙抢挖掩体并不断将散兵坑连接成堑壕（单位：厘米）

作用截然不同的工程构筑物，如防坦克壕、桩砦、栏障、崖壁、铁丝网等，是专门用于阻滞、破坏敌人行动和警戒重要军事目标的，这些筑城障碍物，按其作用性质可分为防步兵障碍物、防坦克障碍物、防登陆障碍物、防空降障碍物等。

工事与障碍互为依托，相辅相成构成巨大的盾牌，同现代火炮、坦克、飞机、导弹和核、化学、生物武器相对抗，不断发展，常新不衰。

为什么在敌炮火袭击下，聪明的士兵一卧倒就抢挖工事

“消灭敌人，保存自己”，是一切战斗行动的基本原则。而工事既能为战士提供防护，又能为发挥火力进行战斗提供依托。据苏军有关资料记载，不论在什么条件下作战，军队只要用简单的工具进行1～1.5小时的工事构筑，就可以使损失减少2/3。在《美军作战纲要》中也曾强调指出，构筑单人掩体对付瞬发炮弹，可以使人员伤亡率减少99%，有掩蔽的坦克的毁伤率则可减少50%。从我军边境自卫还击作战的经验来看，在我军边防部队加强了阵地工事构筑之后，伤亡人数普遍减少80%。在使用核武器条件下，加强土工作业，同样有重要的防护作用。据核试验资料，利用散兵坑和堑壕、交通壕进行掩蔽，可使核冲击波杀伤半径缩小约60%，并能大大降低光辐射和早期核辐射的杀伤。20世纪80年代，美国生产了一种第三代核武器——中子弹，曾喧嚣一时，被鼓吹为以高能中子辐射杀伤人员的秘密战术核武器。可是据试验证明，只要有80厘米厚的湿土阻挡，就可使中子弹的辐射杀伤作用消减90%以上。一般地讲，用1小时的土工作业构筑掩蔽工事，可使人员伤亡减少88.9%。1颗2万吨级梯恩梯当量的核弹空爆，对地面暴露人员的杀伤半径为3000米，而对立射散兵坑内的人员杀伤半径仅有1000米。据试验和计算，1个营防御地域遭到2万吨级梯恩梯当量的核

弹袭击时，如无防护，90％的有生力量受到杀伤；而经过 1～2 天构筑工事的掩护，使 2/3 的人员进入露天工事、1/3 的人员进入轻型掩盖工事，则受到的杀伤可减少到 30％。

因此，各国军队都强调在战场上，士兵要抓紧一切时机，积极主动地抢修工事。聪明的战士在敌火下机动，只要一卧倒就抢占能隐蔽身体、发挥火力的有利地形；在一处停留时间稍长，就不等命令地主动改造地形，抢挖散兵坑。这样不仅能使单兵的生存力和战斗力得到加强，而且一旦需要扩展构筑成阵地，将各个散兵坑之间挖通，用沟壕连接起来，便成为可用于战斗、掩蔽、机动的堑壕、交通壕，为协同作战发挥整体战斗力创造条件。

为什么各国军队都在大力推广装配式工事

在战场上如果能像小孩玩积木那样，用不同的构件就能快速组装成各式各样的工事，那该多好啊。如今这一设想变成了现实，装配式工事已遍布战场，成为筑城的主要结构形式。

现代装配式工事的构件，大都是由后方工厂成批配套生产的，有的是用金属、混凝土材料制造，有的是用塑料、玻璃钢、橡胶等材料制造，所以成本低廉、规格划一、重量轻、体积小，便于汽车、飞机运输和人背马驮，也便于就地组装。美军认为，用金属装配式工事构件构筑工事，所需的材料重量和构筑工事的时间，可普遍减少75%。装配式工事尤其适用于缺水、缺氧、缺材料、交通不便等施工困难的山地、高原、沙漠、草原、海岛等边防、海防地区构筑工事。

为了提高装配式工事的适用性，提高战地组装的速度，在结构上还力求达到标准化、通用化和系列化。所谓标准化，就是将工事的抗力、幅员、构件尺寸和连接方式等统一为几大类型，以最优方案制造成各种标准化的型号，使其能以较少的品种、类型、规格，适应广泛、多变的战场需求。所谓通用化，就是将作用相同、尺寸接近的工事构件，合理地加以合并归类，使其一物多用，用一种构件可以组装成多种用途的工事。所谓系列化，就是将装配式工事按所使用的材料、用途和抗力等级，制造成不同的配套系列，以便根据战场上的地形、地质、天候、敌

情和我情等不同条件，选用不同系列的成套工事。这样便可按作战意图，选择不同的工事构件，及时调往不同的战区，快速装配起观察、指挥、射击、掩蔽等工事，构成在保障不同作战的样式下，不同防护等级要求，供打、藏、生活、机动需要的野战阵地。

在实现野战工事装配化的进程中，有的国家还将民用建筑中的“盒子结构”技术运用到野战筑城上。20世纪80年代，美国巴顿公司研制了一种称为APD的单元式装配式工事，采用钢材加工，由工厂预制成包括主体和出入口的标准单元；运到战场后，将两三个单元相连，就成为一个适用于作为指挥所的掩蔽部，比采用单个构件组装工事的速度又大为加快。

瑞典、德国、美国、意大利等国，还广泛采用了一种集装箱式工事，这又比单元式工事技高一筹。这种工事由轻质复合材料制造，设计规格完全符合国际标准化的规定；不仅可由军队运往战场，而且可以通过陆、海、空的商业运输线装运，人员也可随集装箱输送；到达战场后，只要几分钟时间就可以将整个工事安设在开挖的平底坑里，并可利

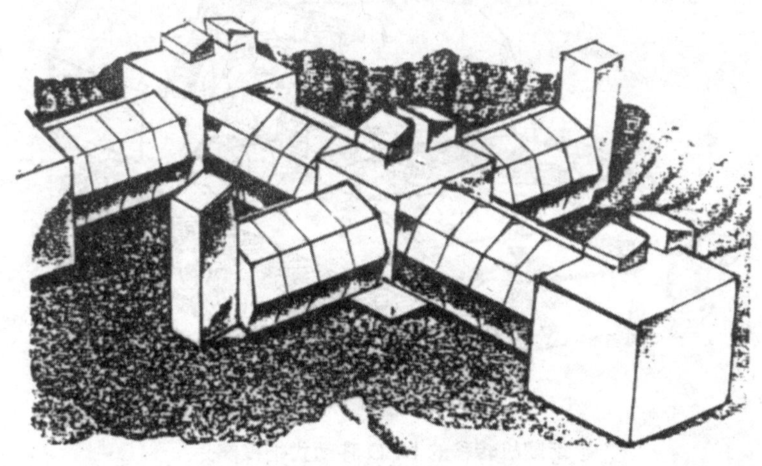

盒子结构式掩蔽部

用集装箱自身的千斤顶将工事调平，覆土伪装后即可启用。利用这种工事快速开设野战医院、指挥所等极为理想。美军把一种 S-658 型集装箱式掩蔽部，安装在卡车上，工事外壳采用制造头盔的新型材料，强度比钢高 5 倍，既可防弹击穿，又可防化学、生物和核武器杀伤，对电磁脉冲也有屏蔽性能；内部装有电子设备，在电子对抗作战中具有特殊的防护性能。

还有的国家给工事装上了腿，使它能跟随部队跑。这种自行式掩蔽部，实际就是一辆特殊的装甲车。其行走部分大都是利用现成的坦克或汽车底盘改装而成；掩盖部分用新型的轻质复合装甲材料制造。美军装备的NBC移动式指挥部，具有“三防”和较高的越野性能；在战场上，选择沟谷、雨裂等有利地形开进去，覆土伪装，会使防护能力和生存能力更为提高；一旦需要转移，“抖掉”身上的覆土，开起来就跑。

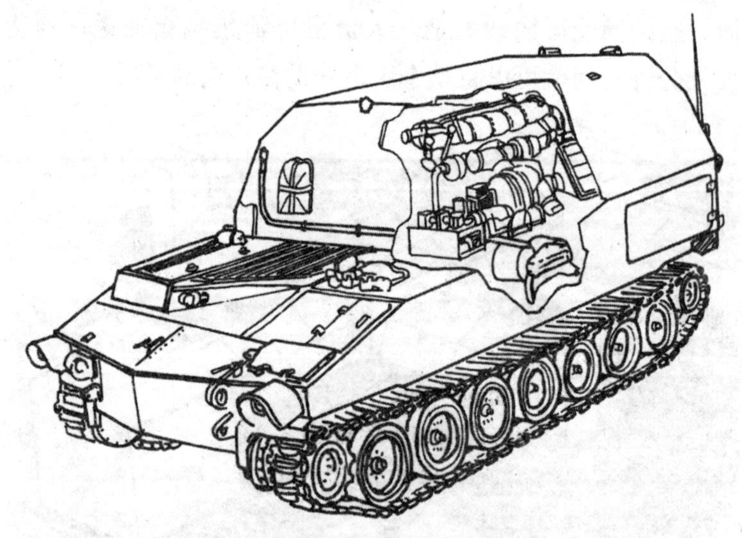

能随机转移的 NBC 移动式指挥部

为什么一夜之间能构筑起庞大的师指挥所

一连工程兵战士，伴随气势轩昂的工程机械，正趁黄昏隐蔽地向前方开进——当拂晓鸡啼时，他们已在指定的位置构筑起了包括十几个掩蔽工事的师指挥所，师部已转入了这个掩蔽、通信、机动、警戒设施完善的防护工程内，并展开了新的作战行动指挥，有效地提高了激烈战斗中指挥的连续性和稳定性。

过去构筑这样一个指挥所至少要三五天时间，为什么现在能如此神速地一夜之间完成呢？得到的回答：一是靠装配式工事，二是靠“人、机、爆”相结合的土工作业。据实际检验，工事装配化可使普通构筑作业速度提高1倍以上。但是，仅靠装配式工事还不行，因为要增强工事的防护力，就要尽量使其低下和深埋，所以土方作业是构筑野战工事的主要工程，通常要占构筑作业量的90%以上。因而，开挖土方作业的快慢便成为决定野战筑城速度的关键。

为此，许多国家都在大力发展野战工程机械。美军生产的一种挖掘机，在一般土质上开挖工事平底坑，每小时可除土500立方米，相当于1000名战士的人工作业量。现代油气频爆掘土机作业效率更惊人。在这种机械上装有燃料供给和自动控制系统，混合燃料在一种特殊频爆装置内连续不断地爆炸，通过喷嘴将爆炸产物作用在土层上，将土壤掘开抛出，开挖土方的效率比一般机械提高10～30倍。为了适应战场上情

机械化的土工作业

况多变的要求，一些国家还研制了各种各样一机多用的工程机械。有的在一台动力车上可根据需要分别加装推土、铲运、装卸等多种工作装置，成为工程机械族。使用这样的一台机械，可以取代原来的20多种机械，而且便于空中长途运输，更符合野战需要。

现代爆破技术则为加快土工作业速度提供了又一重要途径，一般可比人工作业速度提高数倍至数 10 倍。许多国家都在研制快速炸坑器。这种炸坑器大都是利用火箭的推力，先将炸药推送到土层中，然后爆炸，形成掩体或工事平底坑。美军装备的 XM180 炸坑器，两人操作，10 分钟时间便可炸出一个直径 7 米、深 1.5 米的深坑，经过整修即可

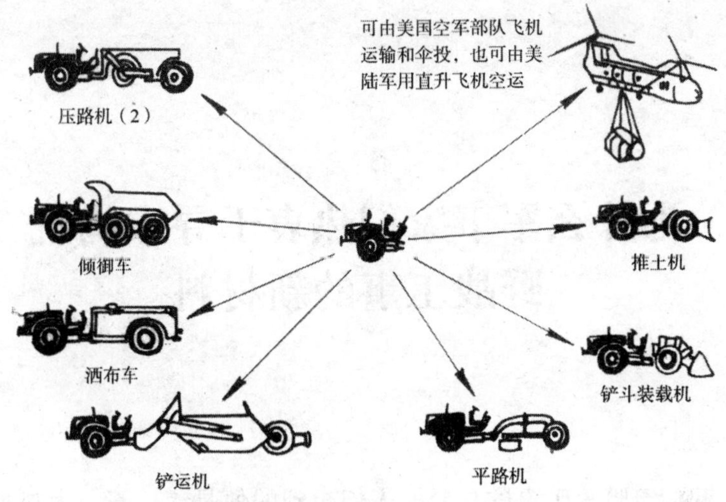

工程机械族

作为大型车辆、火炮、坦克的掩体或工事的平底坑。当土质适宜时，还可采用压缩爆破法，在地下构筑成土坑道。采用这种方法时，只要先在土中打了钢钎孔，将炸药填入孔中，先爆破压缩出药洞，再向药洞内装填炸药，爆炸后便将土壤压向孔药洞四周，形成一个直径达数米、洞壁规整的短洞式掩蔽工事。据试验，仅利用简单的手工工具和炸药，1 个班 4 小时就可以构筑起直径 2 米、长 3 米的短洞。如果将这种短洞继续延伸下去，便可构成坑道工事。

液体炸药和形形色色控制爆破技术的出现，又为采用爆破法构筑工事提供了新的手段。一种液体炸药单人掩体爆破器，看起来像个外加小刺刀的塑料瓶，瓶内装 450 克液体炸药；使用时，先用刺刀在地上刺一个深孔，把瓶中的液体炸药挤入孔中，插上雷管，起爆后即可炸出深度和直径达 1 米的散兵坑，整个作业时间不超过 1 分钟。

我军在自卫还击作战中，有时团指挥所一天就要数次转移，而广泛运用装配式工事和“人、机、爆”相结合的开挖手段，使构筑指挥所的速度大幅度提高，有力地保障了指挥的稳定性。

为什么军事家们热衷于寻求构筑野战工事的新材料

提起构筑野战工事的材料，人们想到的便是土、石、木料加草皮，人工挖坑就地堆砌。然而，现代战争突然性、快速性、机动性、速决性、连续性和破坏力的增大，要求构筑野战工事不仅要坚固，同时要简便、快速，这就迫使军事家们摆脱传统的观念和做法，去向新技术、新材料寻找出路。高技术提供的新型金属材料、高分子材料和无机非金属材料，正为这一发展开拓了广阔的前景，使野战工事脱下了“土布衣”，穿上了“阔西装”。

从20世纪60年代开始，金属材料就被广泛运用于野战工事，特别是波纹钢工事已在许多国家推广采用。利用高强度合金钢构筑的工事，刚度大、韧性好、具有很高的抗爆性能，并可使工事自身重量大大减轻，极大地方便了运输和组装。一种很容易加工成型的铝合金材料，强度接近于低碳钢，而比重仅为钢的1/3。美军利用这种性能优异的材料建成跨度达60米的野战飞机库，重量仅为钢材建造的1/7。

以合成或天然的高分子化合物为主要成分制成的塑性材料，以其优异的性能和低廉的价格，与金属材料相媲美，不仅迅速占领工业产品的柜台，几乎进入了家家户户，也在野战筑城上大显异彩。工程塑料、聚氨酯泡沫、玻璃钢等都是重量轻、强度高、具有较好防护性能的构筑野

边防战士欢快地在战地波纹钢工事内憩息

战工事的新型材料。塑料比重小，强度比钢高 1～3 倍，黏合容易，加工简单，可随意做成各种形状，并具有耐腐蚀、耐磨损、防水等优点，用于构筑工事，可使速度提高 8 倍左右。

20 世纪 80 年代以来，一些利用两种或多种不同材料制成的复合材料，也被广泛运用于野战筑城。复合材料具有比所用的各种单一材料性能相加还要优越得多的综合性能，克服了单一材料的许多弱点。像塑料的强度并不很高，但是在塑料中加入玻璃纤维，制成玻璃钢以后，便会质轻而坚硬，抗拉强度可达 245.17～274.59 兆帕（2500～2800 千克力/厘米^2），抗压强度达 147.10 兆帕（1500 千克力/厘米^2），并且耐高温，绝缘性能极好，因而许多国家用它来构筑野战工事。我国一位青年发明家利用研制“全塑”汽车的玻璃钢和泡沫塑料夹心复合材料，研制出包括单兵掩体、班掩蔽部、观察所等野战工事。这种工事防护性能好，重量轻，1 个班掩蔽部的工事构件仅重 80 千克左右，造价比钢质的还便宜。

新材料的运用，还带来了野战筑城方法的革新。美军研制的一种能在常温下快速发泡、硬化定型的泡沫塑料，运到战场后，灌进预先制好的帆布口袋里，经过 2～3 分钟时间便发泡膨胀，将帆布袋鼓起，这时用人力便可以很容易地弯制成所需要的形状尺寸，约 5 分钟时间即硬化成工事构件。利用这种材料 15 分钟时间就能构筑成一个工事。德国将构筑泡沫塑料工事全套设备和材料装在一辆汽车上，跟随部队转战于战场，一次装载的原料就能构筑起 30 个直径 5 米、高 3 米、壁厚 10 厘米的掩蔽部。

为什么要发展柔性结构的工事

采用砖、石、钢等刚性材料支撑、被覆的工事，具有较高的抗力，但是与炮、炸弹爆炸产生的强大冲击力硬碰硬，容易被炸裂、坍塌，而利用尼龙布、帆布、塑料薄膜和塑料尼龙绳网等柔性材料被覆的工事，具有良好的弹性和韧性，抗爆能力较强。北约军队研制的一种轻型掩盖机枪工事，用4根铝杆作支撑，上面蒙上塑料布，再在布上覆盖45厘米厚的土层，便能抵抗每平方厘米235.36牛顿（24千克力）的冲击波超压，并能防止核辐射和炮、炸弹破片的杀伤。

为什么柔性结构的工事对核爆炸冲击波具有这样好的防护性能呢？这是因为核爆炸形成的空气冲击波在沿地面传播的过程中，同时在土中形成压缩波向地下传播，当压缩波由松软的介质层传到坚硬的介质层上，如工事的石壁、钢筋混凝土支撑结构上时，便在界面上产生反射，这时作用在结构上的反射压力会成倍增大。例如，作用在钢筋混凝土支撑结构上的反压力比入射压力大1.5～2倍。而当柔性结构受到冲击压力时，会自然产生较大的弹性变形，从而缓冲了冲击压力，使反射压力与入射压力大致相等，有时比入射压力还稍小些。这种现象称为“卸荷”作用。由于柔性结构的“卸荷”作用，便使工事具有较好的防护性能。

军事家们还利用柔性材料研制了一种如同吹气球似的充气工事，它

正在组装的充气工事

是用塑料或合成橡胶等不透气的薄膜材料做成双层气囊，运输时折叠起来可以打成一个包，充气以后便成为能容纳人员、装备的工事，露天能防化学武器、生物武器和核武器的污染、杀伤，埋入地下能防一定的炮炸弹和核武器冲击波的破坏。美军装备的M51充气式掩蔽部，5个人30分钟就能完成充气、展开和全部构筑作业，工事内还安装有通风、滤毒设备和发电机；一旦需要撤收，5个人30分钟时间就可以将其拆卸、打包、装车，伴随部队向新的地点转移，很适合野战条件下使用。充气工事在欧美的民防中也受到市民的普遍青睐，许多家庭竞相购置备用。

加拿大更别出心裁，研制了一种特殊的夹心复合柔性塑料材料，用作构筑工事的防护盖板。这种复合材料的表面为铝箔和石棉，夹心层为聚苯乙烯和环氧树脂。由于石棉层沾浸了可以燃烧的铁粉-硫磺混合剂，点燃后能产生巨大热量将夹心层材料加热到 300℃，冷却后便形成所需

美军装备的M51充气式掩蔽部

厚度的泡沫塑料。用这种材料制作工事的盖板，其重量仅为同样大小木板的1/8～1/6，而且可以卷起来运输，能按需要的尺寸、形状进行剪裁，覆盖在工事顶部形成掩盖层，具有一定的“三防”性能。

为什么战士特别青睐猫儿洞

猫儿洞是战士对一种小型掩蔽工事的爱称，它的学名叫“崖孔”。

这种小型掩蔽工事，通常一个只容纳1～2人，最多不超过一个战斗小组。因为它很小，战士把它比喻是猫耳朵眼，所以便称为“猫儿洞”；

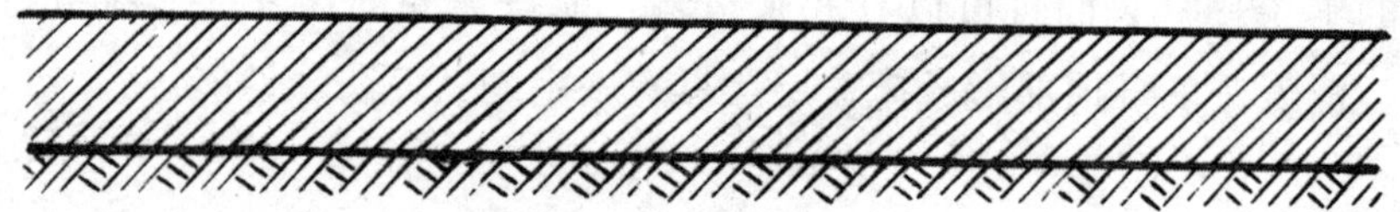

战士喜爱的猫儿洞（单位：厘米）

而且越叫越广，以致许多人把它的大名都忘了。

猫儿洞大都构筑在火炮、车辆掩体内，或堑壕、交通壕背向敌人一方的崖壁上；一般采用在地下掏洞的方法构筑，顶部呈拱形，自然防护层厚度在0.7米以上。为减弱冲击波和枪弹破片对洞内人员的伤害，挖进一定的深度后，最好拐1～2个弯，这样可以明显地提高防护效果。在一次百万吨级当量核弹爆炸中，距爆心投影点1660米处，地面的兔子被烧焦，在直通道内的兔子死亡，而在有拐弯的猫儿洞内的3只兔子存活。另外，有条件时在洞口设置防护板或防毒、防寒门帘，能明显地提高防护力。在松软的土质上构筑猫儿洞，最好用圆木、竹篾、荆条等

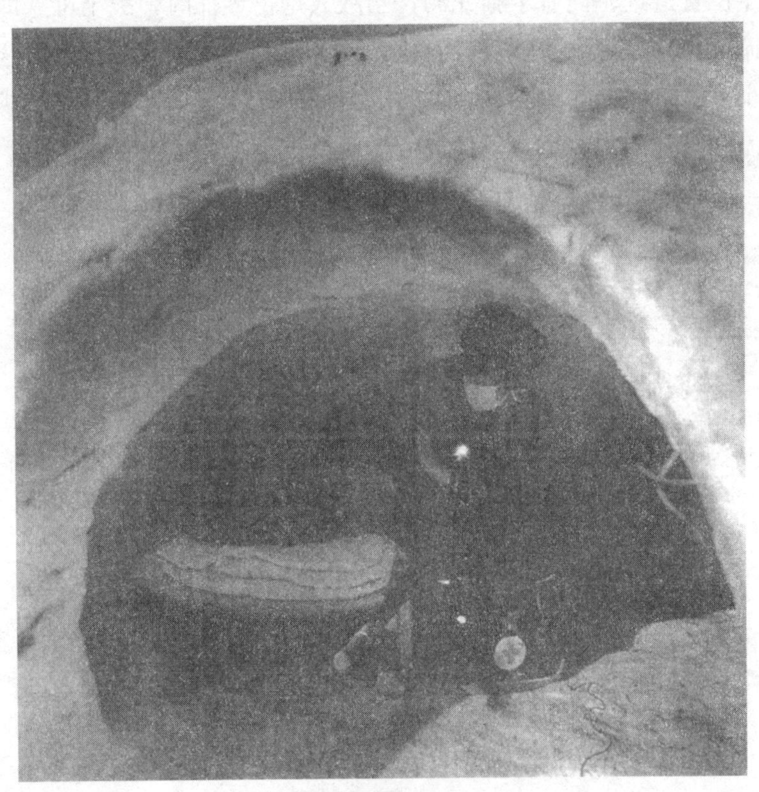

冰雪中的猫儿洞病房

将洞内加以被覆。在北方严冬季节，将猫儿洞构筑在冻土层以下，便宛如在上面加了1层混凝土防护层，可大大提高其抵抗炮、炸弹和核冲击波的强度。

猫儿洞之所以受战士青睐，是由于：第一，可以有效地减轻敌人火力杀伤，在一般条件下，它可以使掩蔽在里面的人员遭受杀伤的半径仅为暴露在开阔地上的25%～30%。第二，结构简单，构筑容易，战士利用手中的工具和就地材料便可完成。第三，便于就近掩蔽，快速出击，使打藏紧密结合。现代炮火准备的安全距离已缩短到200米以内，敌炮火延伸后，半分钟之内敌坦克就会冲上来，因此战士的掩蔽位置不能离开战斗位置过远。而有了猫儿洞，当敌人炮击轰炸时，战士可立即钻进洞内掩蔽；敌人炮火一转移或停止，战士出洞就跃进战斗位置，这就大大缩小了“时间差”，能有力地抗击敌人的突袭。在战斗间隙，战士还可轮流进猫儿洞内休息，以逸待劳，所以被战士赞美为“安乐窝”。

为什么野战工事的顶盖构筑成多层次能提高防护力

掩盖工事如同房屋，下有地基，上有顶盖，中间是起支撑作用的立柱和墙壁，它们共同构成了工事的主体结构，为工事提供抗力和各种防护作用，以保障工事内人员、设备的安全。而对于抵抗炮、炸弹和核武器的破坏来讲，首当其冲的要算是工事的顶盖了，所以称其为防护层。

根据工事的抗力要求和构筑条件，防护层可以用一种材料筑成，称为“单层式”。如果是利用挖掘工事的土壤构筑的单层式防护层，一般只能抵抗子弹和炮、炸弹破片和触地即爆的瞬发炮、炸弹破坏。因此，轻型以下的掩蔽工事多构筑单层式防护层。可是，现代许多炮、炸弹都是采用延期引信，炮、炸弹着地之后并不立即爆炸，而是借惯性力先向地下猛钻，这种现象称为“侵彻”。据科学验证，炮、炸弹的侵彻深度，与弹体重量和命中目标的速度成正比，与弹径和防护层抗侵彻能力的平方成反比，同时与炮、炸弹命中目标的角度有关。另外，炮、炸弹在命中目标后的侵彻运动中，当碰到不同硬度防护层材料时，前进方向会发生偏转。因此，为了提高工事抵抗炮、炸弹侵彻和破坏作用的能力，不仅要加大防护层的厚度，而且最好使用不同的材料分层构筑。这种形式称为“成层式防护层”。通常加强型（抗105毫米榴弹炮弹或100磅炸弹）以上的掩蔽工事，都要采用成层式的防护层。

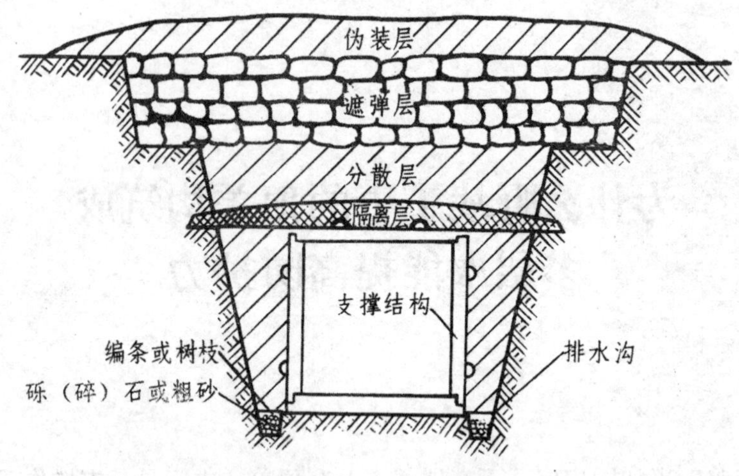

具有多种防护作用的成层式防护层

成层式防护层一般由伪装层、遮弹层、分散层和隔离层构成。伪装层，位于防护层上表面，多用草皮和表层土壤构筑，厚度约30厘米；主要起伪装作用，也有一定的削弱炮、炸弹破坏和防破片杀伤的作用。遮弹层，位于伪装层之下，多就地采集石块、钢筋混凝土板、钢轨等坚硬的材料构筑，主要作用是迫使炮、炸弹在该层爆炸，阻止其继续往下侵彻，危害工事的支撑结构。为防止炮、炸弹从侧面侵入工事爆炸，遮弹层应向四周扩展，如同给工事撑起一把遮弹伞。分散层，位于遮弹层下面，多采用土、砂、炉碴等疏松材料铺筑而成；其主要作用是将冲击、爆炸的作用力，较均匀地分布到工事的支撑结构上，使支撑结构免遭局部破坏。隔离层，位于分散层之下、工事支撑结构之上，多用油毡、塑料布，或10～20厘米厚的黏土捣实构成；主要作用是防止雨水和有毒气体侵入工事内。为了增强工事成层式防护层的缓冲能力，还可以在遮弹层的下面或分散层的中间铺设一层10～15厘米厚的束柴捆、稻草把等弹性较大的材料，构成弹性层。

遮弹层和分散层的厚度，应根据工事的抗力等级和使用的材料计算确定。例如，利用干砌块石构筑工事的遮弹层，加强型掩蔽部为 1.1 米厚，重型掩蔽部（抗 155 毫米榴弹、炮弹或 250 磅炸弹）为 1.8 米厚。

不仅重要的野战工事顶盖要构筑成层式防护层，而且掘开式永备工事的顶盖也要构筑成层式防护层。像北京地铁上面铺筑的一层几十厘米厚的混凝土路面，不仅具有保证地面通行的作用，而且是很好的遮弹层。成层式防护层，对核武器的冲击波和贯穿辐射等破坏作用，也都具有一定的削弱能力。许多国家还研究出将一些具有特殊性能的新材料科学地分布在工事顶盖上，由于增加了界面，能更多地吸收炮、炸弹的爆炸能量，使冲击破坏力迅速衰减，或改变弹头的侵彻运动方向。美、日等国采用这种多层次防护结构，使防护层的总厚度缩小了 1/3～2/3，这就既减少了作业量，又降低了工事的高度，有利于隐蔽，提高其生存力。

为什么要特别重视加强工事的出入口

出入口，是进出工事的通道和门户，各种工事都少不了。而出入口又是工事最薄弱和易遭破坏的部位，不仅化学毒剂、生物战剂和核武器的放射性物质、冲击波、光辐射会从出入口侵入工事内，而且射弹及大量的炮、炸弹飞散破片也能从出入口射入工事内，可杀伤人员、毁伤兵器和设备，特别是高技术的精确制导弹，能专找地下工事的洞口，钻入其内部爆炸。因此，指挥官们不论是对永备工事还是对野战工事的出入口，在选择平面形式和确定组成结构时，都应倍加重视，提高其防护性能。

首先，出入口的数量。要根据工事的用途和容纳的人数，在保证进出要求的前提下，尽量减少数量，缩小尺寸。多一个出入口就多一个易被摧毁的薄弱部位。但是，重要的工事，尤其是大型地下屯兵坑道和掩蔽部，不仅要有基本出入口，而且要有预备出入口。

第二，出入口的位置。应尽量选择在既便于进出执行战斗任务，又利于隐蔽伪装、提高自然防护力的位置；各出入口应疏散配置，像加强型以上抗力的野战掩蔽工事的基本入口与预备出入口的间距应不小于8米，以免一弹同时破坏工事的两个出入口。

第三，要根据地形确定出入口的平面形式。工事的基本出入口有直通式、直角式、穿廊式3种。直通式出入口作业量小，构筑简

单，但防护性能差；穿廊式和直角式出入口对冲击波、早期核辐射、光辐射及弹穿都有较好的防护性能，条件允许时应尽量采用这两种形式。

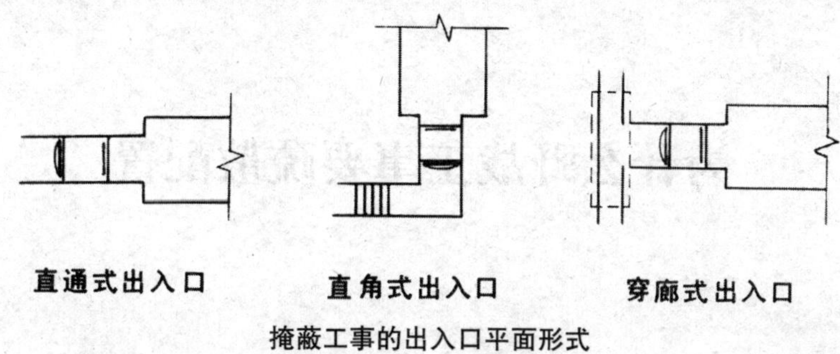

掩蔽工事的出入口平面形式

第四，要安装防护门或防护密闭门，以防炮炸弹破片、冲击波和毒剂、生物战剂、放射性污染、光辐射等侵入工事内。现代重要的首脑指挥工事和战略武器工事等的进出口都安装有性能极为先进的自控防护密闭门。像北美防空司令部的主体工事各出入口就有两道电控连锁防护门，每扇门重达30吨，即使核弹突然命中工事，由于爆炸传感器的作用也会自动将门关闭。

工事的预备出入口大都采取垂井式，上面盖有防护密闭盖板，下面设有扩散室和活动室，以确保安全。

为什么野战工事要疏散配置

构筑和利用工事的目的是为了得到可靠的掩护和充分发挥战斗力。因此，在构筑工事时就必须把提高生存力和战斗力放在同等重要的地位加以考虑。

作为战斗工事，疏散配置有利于选择最佳位置，构成侧射、斜射、倒射和对地、对空的交叉火力网；作为掩蔽工事，疏散配置则有利于指战员就近掩蔽和快速进出战斗位置，使打、藏、机动紧密地结合起来，提高阵地的战斗活力。疏散配置各种工事，尤其便于在较宽广地域内充分利用地形，选择符合战术、技术要求的高地、谷地、沟渠、雨裂、林地、居民地等有利地物、地貌，构筑射击、观察、掩蔽和机动工事，以提高防护能力，增强伪装效果，减少作业量。据实战经验，充分利用和改造地形疏散构筑工事，可普遍减少土、石方作业量50%以上，降低可见光和红外、雷达等现代侦察的发现概率达50%以上；特别是疏散配置，可以避免敌人一发炮弹、炸弹同时命中几个工事，或一枚核弹爆炸破坏整个工事群，从而增强了工事的生存力和阵地的稳定性。

确定工事的疏散配置间距时，应考虑敌火炮射弹散布距离公算偏差。所谓射弹散布亦称“射弹自然散布”或“弹道散布”，是指用同一种武器在相同条件下连续射击时，射弹的散布现象。实验证明，射弹散布是不均匀、对称的和有一定范围的椭圆形。射弹散布的规律是越靠近散布中心

落弹越密集，离散布中心越远落弹越稀少。散布范围呈椭圆形，射击距离越远，散布范围越大；其长轴与火炮射向一致，短轴与火炮射向垂直，将长、短轴各等分成8个等份，长轴上的每一等份为一个距离公算偏差；短轴上每一等份为一个方向公算偏差。实践经验证明，约有50%的射弹散布在紧靠散布中心的两个公算偏差之内。因此，在配置工事时，若能疏散开两个以上公算偏差的距离，便能减小被命中的概率。据知，美军中口径榴弹炮，在中等射击距离时，其一个距离公算偏差平均为20～50米。因此，我军规定工事之间疏散的间距一般为40～50米。就一般来说，工事配置越疏散，越不易被命中，生存力就越高。

但是，有时因地形限制或战术上的要求，不允许各工事间距达到40米以上。例如，为保证必要的火力密度，阵地上的单兵射击工事之间，基本射击工事与预备射击工事之间就不允许间距太大，这时应力求达到不让敌人一发炮弹同时破坏两个工事，即工事之间的最小距离不得小于8～10米。

现代火炮的射击精确度日益提高，配置工事的疏散程度也要根据武器的性能及地形条件灵活掌握，总之，应保证不脱离战斗部署和战斗队形，既有利于提高生存力，又有利于提高战斗力。

为什么阵地上要构成大纵深、多道带的障碍体系

几乎是从有了战争便开始了利用障碍物以加强防卫、阻滞和破坏敌方的作战行动，为消灭敌人创造有利条件。

起初的设障，就是在集居点的周围伐树埋栅，挖沟垒石，构筑土围子，这在兵马步战的冷兵器时代，“固都之境，有沟树之围”，已足以使敌人望而生畏了。随着科学技术和进攻性兵器的发展，陆续出现了铁丝网、陷坑、地雷、水雷等防步、骑兵的障碍物。特别是1916年集火力、防护力、机动力于一体的坦克出现于战场以后，防坦克障碍物便成为发展的重点，形形色色的防坦克壕、崖壁、桩砦、陷阱等和防坦克地雷应运而生。此后，各国的阵地障碍构筑，大都是以防坦克为主，以防步兵为辅，两者紧密结合，形成多层障碍地带。新技术革命，不断地为军队提供了高性能的坦克、自行火炮、武装直升机和气垫船等在陆地、水上、空中高速机动的工具。据近期发生的局部战争表明，装甲车和摩托化部队的机动能力约为徒步部队的6倍，而直升机的机动速度是徒步部队的20倍以上；坦克、装甲输送车和自行火炮等追击目标的纵深约为第二次世界大战时的10倍。因而，在现代战争中，敌对双方围绕着机动与反机动的斗争异常激烈。不仅普遍重视“空地一体”“大纵深”“立体化”作战，而且在地面作战中，强调做多波次、大

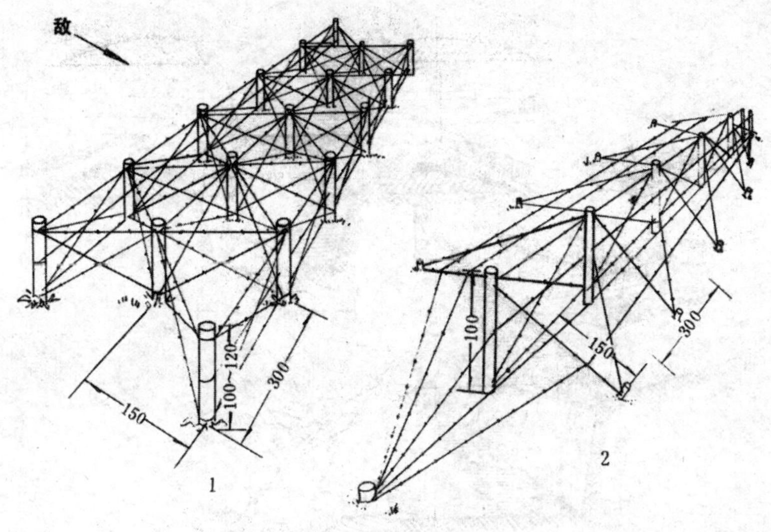

1. 网状铁丝网；2. 屋顶形铁丝网；3. 鹿砦

防步兵筑城障碍物（单位：厘米）

纵深和立体的连续突击。这就要求障碍设置必须针锋相对，构成多道带、大纵深、高强度和多种性能的立体配系，以道道拦阻，层层迟滞，步步消耗，减煞敌人进攻锐气，从而创造有利战机。除了应利用江河、

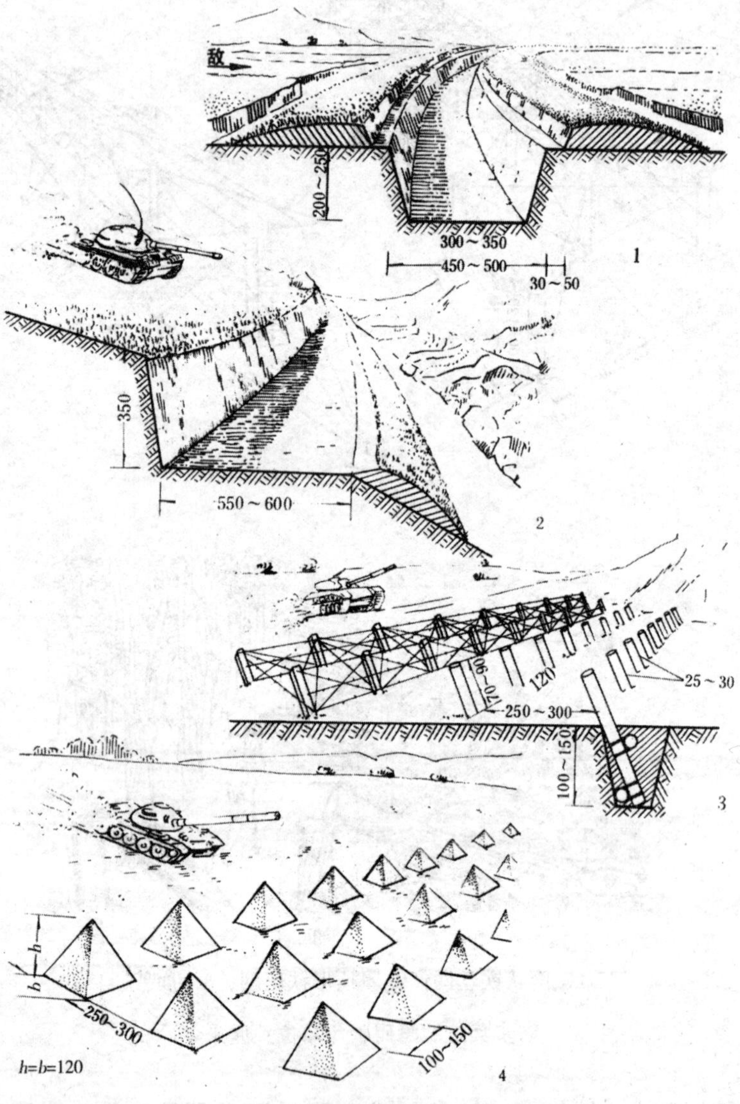

1. 防坦克壕；2. 防坦克断崖、崖壁；3. 防坦克桩砦；4. 防坦克三角锥

防坦克筑城障碍物（单位：厘米）

湖泊、沼泽、悬崖、陡壁、雨裂、沟壑、密林等天然障碍物，还应根据地形、敌情、任务、时间、器材等条件，因地制宜地广泛构筑和设置对付地面、水上、空中之敌的爆炸性和非爆炸性人工障碍物，形成远、中、近多道带，高、中、低多层次的立体障碍体系，使敌方每前进一步都要付出巨大的代价。这样，以阻制快，以空间换取时间，争取战争的主动权，达到以劣势装备战胜优势装备之敌的目的。第四次中东战争、英阿马岛之战和海湾战争都充分证明了巧妙地运用障碍物，可以阻滞和限制敌机动、分割敌战斗队形、破坏敌协同动作和指挥联络，诱逼敌人处于不利的地位，从而为己方争取时间、调整火力、精确瞄准、提高杀伤效果创造条件。快速机动设置障碍，还能有效地掩护部队暴露的翼侧、接合部和薄弱部位，及时封闭敌突破口，从而增强防御阵地的稳定性。

不仅技术装备处于劣势的军队强调设障，陷敌于被动挨打的境地，就是技术装备占优势的军队也无不把设置工程障碍视为夺取战役、战斗胜利的重要因素。美军称运用障碍物是现代战争的“致胜之道”。

为什么防坦克的“戈兰壕”举世瞩目

1967年，第三次中东战争中，以色列侵占了叙利亚的领土戈兰高地。这块南北长约70千米，东西宽约25千米，面积约1200平方千米的地区，虽是一片荒凉的高原山地，但却是通往叙利亚首都大马士革的咽喉要地，战略地位十分险要。以军侵占了戈兰高地之后，即派重兵扼守，不仅构筑了坚固的防御工事，而且在阵地前沿挖掘了一道巨型防坦克壕，被称为“戈兰壕”。一般防坦克壕的口宽稍大于坦克履带接地长达4.5～5米、底宽3～3.5米、深大于坦克垂直攀登高度的2倍达2～2.5米即可。可是戈兰壕口宽约6米、底宽4米、深达9米，而且将挖出的土全部堆积在己方一侧，形成一道高2.5米的土堤；还在戈兰壕的两侧布设了大量反坦克地雷。

叙利亚怒视着侵略者，难以咽下领土被以色列侵占的这口气，于是趁1973年爆发第四次中东战争之机，派出了5倍于敌的坦克，10倍于敌的火炮在航空兵的掩护下，展开了收复戈兰高地的殊死战斗；可是由于对克服以色列的戈兰壕重视不足，准备不充分，当攻到戈兰壕跟前时，遇障被阻，把推土坦克、架桥坦克、扫雷坦克全用上了，也难以逾越。因为戈兰壕既宽又深积土高，本是很有效的架桥坦克在这种战壕上架的桥，一头高一头低，很不稳定，坦克过桥时不是栽倒在战壕里，就是被以军的反坦克火力所击毁；勉强到达对岸的坦克，当刚爬上土堤

时，又将“肚皮”这最薄弱的部位亮给了敌人，成为反坦克火箭、火炮射击的好目标。结果，这次战斗以色列军队以 180 辆坦克战胜了叙利亚 900 辆坦克的进攻，一次就使叙军损失了 800 辆坦克。叙利亚不仅未能收复失地，反而又丢失了约400平方千米的土地。

以色列军队在坦克会战中，利用反坦克壕——戈兰壕，以少胜多的成功战例，引起世界军事家们的普遍注意。战后，美、德、法、意等国都相继发表了大量文章，探讨反坦克壕在现代反坦克作战中的作用、意义和战法，甚至提出：不构筑反坦克壕便无法取得反坦克作战的胜利。

为什么设置障碍区要做到阻、炸、打相结合

无数战例证明，布设障碍区必须做到两个结合：一是障碍配系与火力配系相结合；二是爆炸性障碍与其他障碍相结合。只有这样，才成为能抗击敌装甲部队高速突击的强大盾牌。

因为，当敌方受阻于障碍区时，正是发扬火力歼敌的最好时机。但是，如果二者配合不好，就会错失良机。因此，几乎各国军队都强调，布设障碍应与火力运用相结合。美军《障碍物运用》条令规定：设置障碍时应依据己方武器有效射程，合理配置，以便给己方的武器创造最佳的相对有利的射击条件；同时强调“必须特别注意设置障碍物来支援坦克和‘龙’式、‘陶’式反坦克导弹的火力”。他们认为，由于导弹比坦克具有更大的有效射程，设置部分战术障碍物系统来利用这种差异，便可以创造明显的有利条件。德军专家强调：应将障碍视为一种盾，在这个盾的后面集中火力和保存火力；或利用这个盾，将敌兵引向对防御者有利的方向，从而使障碍的作用可与作为封锁用的炮兵火力相媲美。

科学实验和大量战例也都证明，地雷的布设还必须与其他天然的和人工的障碍配系，尤其是与防坦克和防步兵的筑城障碍物相结合，才能充分发挥障碍体系的整体综合效能。专家们普遍认为，与地雷爆炸性障碍物相比，以防坦克壕、桩砦等为主的土工筑城障碍物，具有障碍力

强、作用持久、难以排除、构筑容易等优点。特别是专家们已经创造出利用液体管道炸药快速爆破法和利用高效机械构筑防坦克壕的今天，可以在预有准备的条件下，以迅雷不及掩耳的速度突然在敌前开设出难以逾越的防坦克沟壕，再配合以大面积快速布雷的火力袭击，就会使敌陷入更难逃亡的境地。

在海湾战争中，伊拉克有效地采用了地雷障碍物与筑城障碍物相结合的设障方案，为了抗击多国部队的进攻，伊拉克沿沙特阿拉伯边界和海岸线构筑了绵亘的筑垒地域，使防御地带与边界平行，在科威特一侧的5～15千米处，构筑了包括纵深100～200米的地雷场、铁丝网、防坦克壕、沙堤和注有石油的壕沟等，并构建了连、排支撑点，用于抗击企图突入的敌进攻部队。在距第一防御地带后约20千米处构筑第二防御地带，使筑城障碍及地雷场与第一防御地带大体相同。另外构筑了大量的营三角形防御支撑点。每个营三角形支撑点的中心部位构筑屯兵营工事和坦克掩体。三角形的3个角顶部位构筑有坚固的半地下式工事，形成连阵地。三角形3条边的外则是3～4米高的沙墙，大约距三角形中心800～6000米。沙墙的外围布设反坦克和反步兵地雷场，地雷场之外是铁丝网，铁丝网的外面构筑有防坦克壕和沙堤，有些防坦克壕内敷设石油管道，必要时向沟壕内注油，当敌坦克冲来时点燃石油，便构成火障碍区。第二防御地带是伊军在科威特的主要防线。其设

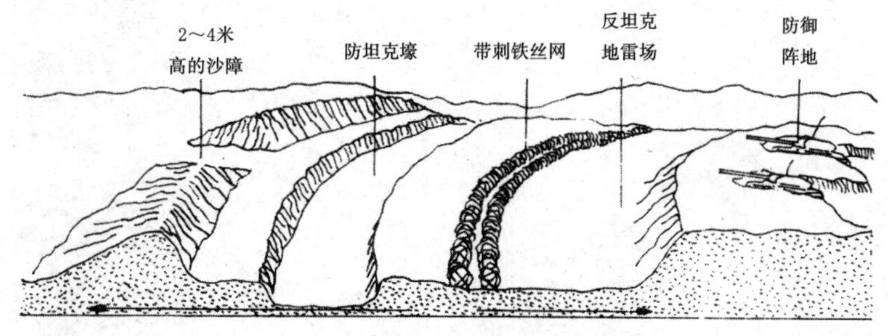

伊拉克的多道带、大纵深障碍体系

想是利用第一防御地带迟滞多国部队进攻，并将敌诱入两道防御地带之间的“预歼地域”，在进攻之敌突破第二防御地带之前予以歼灭；若进攻之敌突破了第二防御地带，他们将在支撑点后方遭到师、军两级装甲预备队的反击。事实证明，这种沙漠要塞对多国部队发动地面攻势确实构成了巨大威胁，这也是迫使多国部队推迟地面进攻和采取迂回战术的重要原因。

为什么网状阵地好“捕捉”坦克

1952年6月中旬，在抗美援朝的战场上，我志愿军某部面对疯狂使用坦克作战的美军，在缺少远射程反坦克火炮的情况下，发动指战员开展军事民主，研究以近战打坦克的技术和战术，在受坦克威胁最大的古直木里地区，创造性地构筑了以坑道为依托的网状阵地，集中了60%的反坦克火器，成3线配置兵力，充分发扬侧射、斜射火力，并结合使用爆破筒、炸药包、集束手榴弹等，巧妙地利用网状阵地同敌坦克打近战、打“游击”，经过2个小时的激烈战斗，敌坦克被击毁6辆、缴获1辆，并生俘敌坦克连副连长1人，首创了利用网状阵地“捕捉”坦克的成功战例。随着坦克发展为陆战的主战兵器，网状阵地的结构、运用和特点也不断改进，成为以近战兵器抗击高速度、宽正面、大纵深、多波次集群坦克进攻的重要依托。

网状阵地之所以好“捕捉”坦克，是由于它具有以下的特点：一是以防坦克壕为骨干，整个阵地障碍化。它不同于一般的阵地，是把障碍物主要构筑在阵地的前沿前，而且在网状阵地的全纵深内还构筑有多道防坦克减速坝、三角锥、陷阱、雷群等，成为宽正面、大纵深、高强度的障碍区。二是沟壕成网、工事成群。网状阵地内，防坦克壕与堑壕、交通壕纵横交错，四通八达，形似蛛网。而且，在壕内构筑有各种射击、掩蔽工事，整个阵地到处有障碍可屏，有沟壕可走，有工事可用，

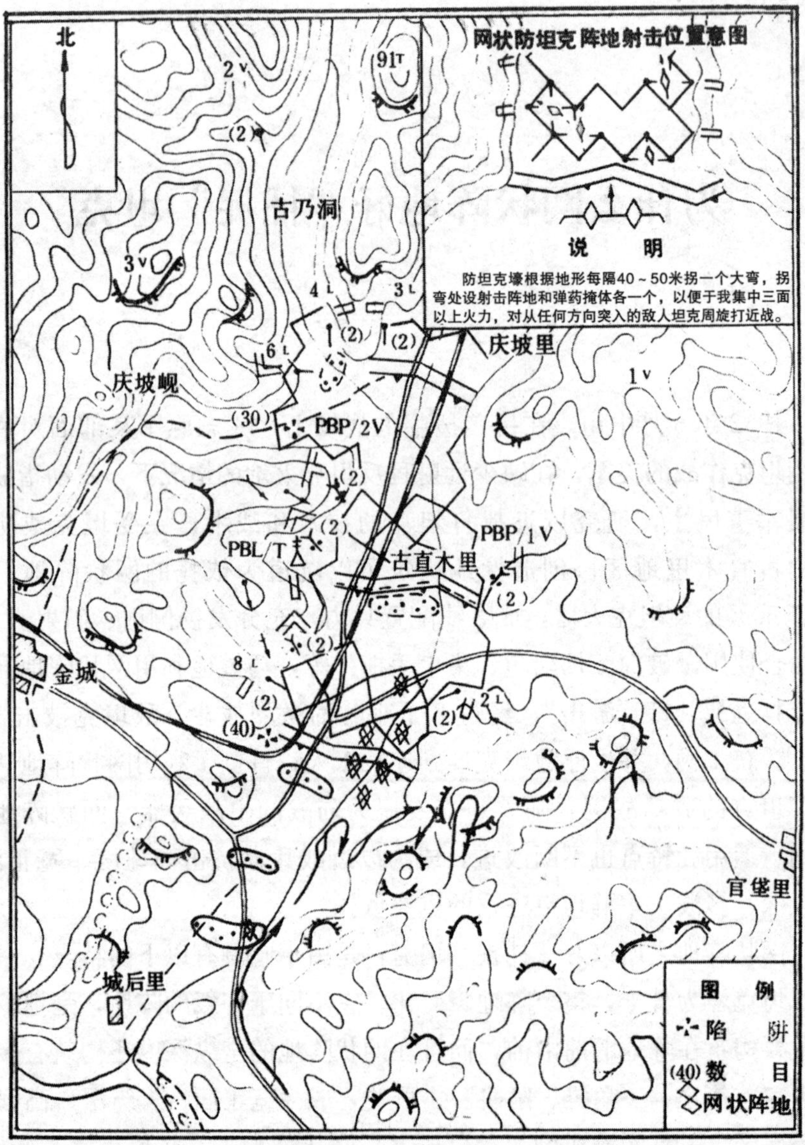
北
网状防坦克阵地射击位置意图
说　明
防坦克壕根据地形每隔40～50米拐一个大弯，拐弯处设射击阵地和弹药掩体各一个，以便于我集中三面以上火力，对从任何方向突入的敌人坦克周旋打近战。
2V
91T
古乃洞
3V
4L
3L
6L
庆坡里
庆坡岘
1V
(30)
PBP/2V
PBL/T
PBP/1V
古直木里
8L
金城
(40)
2L
官堡里
城后里
图　例
陷　阱
(40) 数　目
网状阵地

使美军坦克吃尽苦头的古直木里网状阵地

有弹药可打，机动自如，阻、炸、打相结合，而敌却难以捕捉到攻击目标，从而有利于增强防御的稳定性。三是工事、障碍连为一体。网状阵地内工事与障碍连为一体，战斗工事与掩蔽工事连为一体，堑壕、交通壕与防坦克壕连为一体，每片网状阵地都有计划地构成具有一定纵深的小口袋，对外形成环形防御，对内形成向心火力网。四是网状阵地都依托有坚固的防御要点，因而能保障掩蔽在坑道和各种永备工事内的人员，迅速占领网状阵地和适时撤回。

在山区的网状阵地大都构筑在敌坦克可能突入的谷口、谷底和便于坦克行动的开阔地段上；在平原、丘陵地的网状阵地，一般构筑在有利于形成口袋、卡住口子的地区。当敌发起进攻前实施火力袭击时，我军可

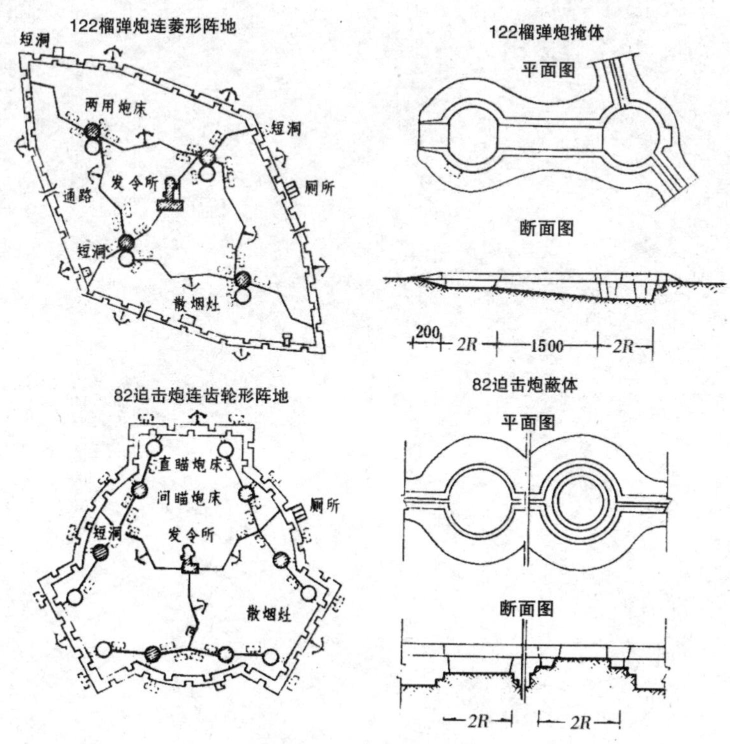

泡兵网状阵地的形式

就近深入地下掩蔽；当敌冲击时，我可迅速占领网状阵地；一旦敌坦克突入网状阵地内，我军前后一齐扎紧网状小口袋，反坦克战斗小组可随时机动到有利位置，利用敌坦克受阻、减速、转向、翘首、抬尾和队形被分割的大好时机，以火箭筒、爆破筒、地雷、炸药包等从多个方向抵近打、炸，使敌坦克成为瓮中之鳖。由于各级网状阵地又是纵深、梯次配置，这就增强了整个阵地的弹性和韧性，更有利于抗击敌连续突击，陷敌坦克于罗网之中。

为什么现代地雷能跻身于高技术竞技的战场

据报道，海湾战争爆发前，伊拉克从苏联、美国、意大利、智利等国购进了约2000万枚各种类型的地雷；战争准备阶段，在伊沙、科沙边境长达240千米的“萨达姆防线”上，构成了包括大量地雷场的障碍体系。这些宽正面、大纵深、高强度的地雷场，使拥有各类现代武器装备的多国部队伤透了脑筋，视其为“最危险的障碍”。

海湾战争及近期发生的多起局部战争，都充分显示出地雷在战争中具有多方面的作战效能，其主要表现：一是巨大的直接杀伤破坏效能。地雷中的炸药、化学毒剂或核填料，在爆炸时都能直接杀伤有生力量、破坏技术兵器和军事设施。据记载，1970年美军在侵越战场上，坦克毁伤的70%、人员伤亡的33%是由地雷所致。二是阻滞机动效能。由于地雷有特殊的杀伤破坏作用，又到处可以布设，因而使战场上的步兵如履针毡、铁骑如系羁绊，难以自由行动。尤其令人关注的是，现代快速布雷方式广泛运用于战场，可在几分钟甚至更短的时间内，出敌不意地在几十米乃至几十千米以外布设成大面积雷场，达到快速拦阻、分割、堵截、围困敌人的目的。三是提高火器毁伤率效能。现代雷场布设往往与火器配置相协调，当敌陷入雷海之中时，接踵而来的便可能是铺天盖地的炮火袭击，陷敌于上下攻击之中。四是精神打击效能。在抗日战争中，抗日军民巧布地雷阵曾炸得日寇魂飞胆丧，草木皆兵。难怪国外专家认为，“地雷是一种大规模的心理战武器”，它可以导致“地雷恐惧症”。另外，地雷还具有报警、照明等作用。

地雷这种问世已500余年的古老兵器，之所以能经久不衰，风靡于现代高技术竞技的战场上，不仅是由于地雷本身的特性，还由于得到了高技术的武装并适应不同的作战任务要求，发展成为包括反坦克地雷、反步兵地雷和特种地雷等的大家族。

反坦克地雷于1918年间世，至今已演变了3代。第一代反坦克地雷，只有地雷上受到1961.3～6864.69牛顿（200～700千克力）的压力和履带直接压到雷上1/3～1/2时才能起爆，障碍宽度小，仅能炸断坦克履带。第二代是将类似破甲弹的聚能装药技术和非触发感应引信运用到地雷上，只要坦克从地雷的上方跨越，不论是否压上都会起爆，让坦克肚皮开花。但是，这两代地雷都是“守株待兔”式的。现代高技术的发展，使地雷发生了质变。随着遥感、计算机和火箭等技术在地雷上的运用，能主动捕捉和迎击坦克的第三代地雷悄然问世。现今，反坦克地雷三世同堂，各显异彩，并正在向改进装药、引信和雷体结构、减小体积和重量，提高破甲、耐爆、抗扫和快速布撒能力等方向发展（图25）。

现代反步兵地雷，主要被广泛用于配合反坦克地雷和其他武器杀伤敌有生力量、阻滞敌机动等。目前，它正在迅速向多样化、微型化、难排除、便于大面积快速布撒和定时自毁的方向发展。

在现代高技术战场上，还出现了一些具有特殊性能的反直升机地雷、信号雷、照明雷、燃烧雷、核地雷、化学雷、诡雷等特种地雷。同时，为适应“空地一体作战”要求，与地雷相伴而生的水雷、空飘雷等，也在不断发展。

今天，军事家们不仅充分认识到地雷在现代战争中的特殊地位和作用，而且看到了现代地雷具有造价低、易储运、适用范围广、效费比高

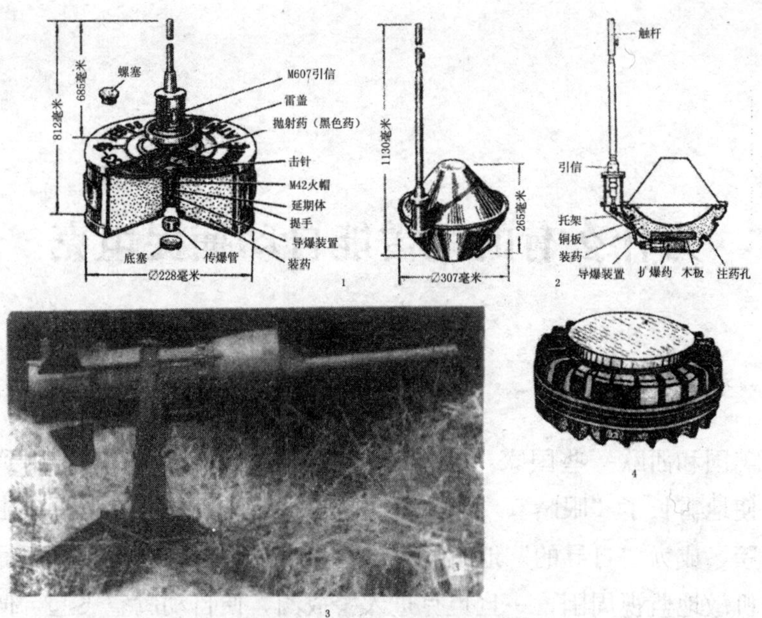

1.苏军的炸车底地雷；2.美军的炸车底地雷；
3.德军炸侧甲地雷；4.意大利的炸履带地雷

形形式式的坦克地雷

等许多优点，因此无论是发达国家还是第三世界国家的军队，都在竞相研制、购置和装备各种新型地雷，从而使地雷这种古老兵器的发展，呈现出五彩缤纷的前景。

为什么有的地雷能自动捕捉坦克

美国和西欧一些国家，首先将遥感、电脑和火箭技术运用到地雷上，使地雷长了“眼睛”、“耳朵”和“大脑”，插上了能腾飞攻击目标的翅膀，成为“自寻的”地雷。将这种地雷在隐蔽地方设置好以后，它就会机敏地监视周围，一旦坦克进入警戒圈，便自动腾空飞起，似老鹰盘旋于空，俯视大地，发现目标穷追不舍，直至将其击中。1个“自寻的”地雷，可以封锁约20000平方米的范围，相当于数百至上千个普通地雷。这不仅大大地提高了地雷的战斗效能，而且使地雷由被动防御型武器发展成为主动进攻型的武器。

“自寻的”地雷之所以能自动捕捉坦克，是因为它的“眼睛”和“耳朵”是个能接受坦克电磁波、红外辐射、震动等信息的探测器；接收到目标信息后，便通过电脑鉴别出目标的性质，若为预定的攻击目标，便立即发出预警信号，并迅速测定、计算出目标方位和行进路线等数据，然后，适时发出指令，点燃雷上的火箭发动机，将雷弹射向空中，再靠雷弹上的制导装置跟踪、捕捉目标，并引爆雷弹将目标击毁。

美军研制的一种专门攻击坦克顶甲的空投“自寻的”地雷，由发射器、声响探测器、数据处理装置和2枚带有红外寻的器的弹头等4部分组成。雷从飞机上的布雷箱投出后，靠降落伞平稳着地，触地瞬间能借

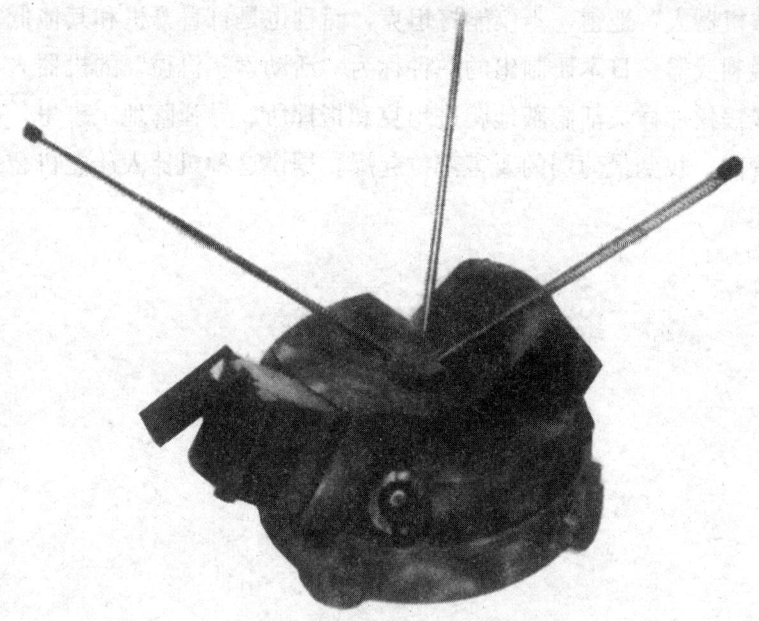

美军研制的ERAM“自寻的”地雷

助冲击惯性抛掉降落伞，同时弹出传感器天线，便开始严密监视进入其作用范围的目标。一旦发现坦克，其数据处理装置便自动跟踪计算坦克所处的位置，并旋转发射器，适时射出第一枚弹头；弹头在红外寻的器的引导下，紧追坦克命中其顶甲，宛如破甲弹爆炸将装甲炸穿，并杀伤车内人员，毁坏内部设备，使坦克彻底失去战斗力。发射出第一枚弹头之后，发射器继续自动旋转追踪后续坦克，准备发射第二枚弹头。

20世纪80年代以来，美国又提出的发展“机器人”地雷的方案。一种称为“突击队员”的地雷，以无人驾驶的轮式车辆作载体，用10千米长的光导纤维进行遥控，预先埋伏在隐蔽处待命；当发现敌集群坦克时，便驱动无人驾驶车辆，快速冲入敌坦克群中爆炸。他们还研制了一种称为“罕尔卡斯”的飞雷，能以每小时 110 千米的速度飞行到50 千米之外的地区，自动搜索和攻击目标。这些智能化“自寻的”地

雷和“机器人”地雷，不仅能打坦克，而且也是打直升机和其他低空目标的锐利武器。日本研制出的一种称为“活动索状机械”的机器人，能像蛇或蜈蚣那样灵活隐蔽地爬进坦克和指挥所、导弹阵地工事里，以至输油管内，找到最薄弱的要害部位起爆。据说这种机器人还能机智地走出“迷宫”。

为什么有的地雷场具有识别和攻击敌方目标的智能

随着智能化地雷和自动化指挥系统的发展，一种具有自动探测、搜索、识别、围攻目标的智能地雷场也正在孕育发展之中。这种地雷场的效能远远超过普通的地雷场，成为大面积的自控火网区；并且这种地雷场只障碍和攻击敌方的目标，而对己方目标的机动，“闪开大路”，不炸不爆，保驾通行。

20世纪80年代以来，许多发达国家积极开展了关于智能地雷场作战运用的研究。1989年，美国《军事评论》杂志发表长篇专论强调，为了适应空—地一体化作战原则的需要，必须有效地增强反机动能力，其最有希望的就是发展新式武器系统——智能雷场。他们认为，这种智能雷场在整个作战地域内均可采用，特别是对付大规模集群坦克进攻的有效手段；根据不同的作战需要，可以分别设置大面积智能雷场、加强型智能雷场和纵深智能雷场。

智能化地雷场也可以作为机动障碍物使用。当敌人突破防御阵地向纵深推进时，前线部队将后撤，战场呈流动状态，为了集中兵力用于关键地区的坚守与争夺，就要运用加强型智能雷场来增强薄弱部位和间隙地的防御。这种智能雷场通常有两个平行的地雷带，两雷带之间是具有大范围杀伤的新式雷弹杀伤带，整个雷场在敌早期侦察时，处于静默的

"休眠"状态，使敌难以发现；当敌前方警戒部队或前卫部队通过第一道雷带时，雷场便自动进入战斗状态，但仍允许敌先头部队通过中间杀伤带，从而引诱敌后续部队进入智能雷场，一旦大队敌人进入这种设伏地区，智能地雷场便群起而攻之，陷敌于灭顶之灾。他们还主张以敌人师、集团军的后方地域或更远的纵深地域为目标，通过布设纵深智能雷场，以破坏敌后勤补给系统，削弱其持续进攻锐势。

专家们认为，要实现智能雷场的作战效能，就必须依赖计算机、图象、通信、遥感和机器人等方面的高新技术。用于设置雷场的技术将包括地雷系统、传感系统和专家控制系统；大型复合雷场还将包括布雷、维护雷场和回收地雷的机器人系统。其地雷系统，主要的是"自寻的"地雷和机器人地雷。传感器系统，一是作为地雷构成的一部分，用来探测、识别和指令捕捉目标；二是作为远距离侦察设备的一部分，用来进行战场情报信息的搜索。为了保密和防止敌人实施电子干扰，各种传感器都要在进入战斗状态前采取被动式无源工作，进入战斗状态后才开始运用主动式的有源工作。专家控制系统，是利用传感系统获取的信息，判断敌行动的特点，并控制雷场对敌行动（目标）适时做出战术反应。

专家们还提出，智能雷场不仅是单向的障碍，而且具有单向的毁伤能力，就是说它只阻炸敌人，而不妨害己方行动；不仅适用于防御，而且也适用于进攻。运用智能雷场，是空一地一体作战极为重要的手段。有的国家还在研究运用可以回收的智能地雷布设地雷场，一旦战争结束，给地雷场下道指令，那么所布设的地雷便自动"收兵"，"打道回府"。到那时，就再也不必为战后扫雷而伤脑筋了。

为什么阵地上要设置反直升机地雷

武装直升机是一种集火力、机动力、防护力于一体的“空中坦克”，因而是坦克和其他地面目标的劲敌。北约组织曾组织过 30 余次坦克、火炮与武装直升机的对抗演练，结果坦克与武装直升机的毁伤比为 14：1，由此可见武装直升机对地面部队的威胁之大。

武装直升机都具有很强的防护力，其驾驶室和乘务员舱的两侧及底部都装有防弹钢板，可抗高射机枪及小口径火炮的攻击。武装直升机的机动速度是步兵的 20～30 倍，在平坦地区是装甲部队的 6～8 倍，在山岳丛林、水网稻田地区的机动能力更是地面车辆所无法比拟的。尤其是武装直升机可作超低空以至贴地飞行，具有极大的隐蔽性和攻击地面目标的准确度。因此，从 20 世纪 80 年代以来，随着高技术的运用，武装直升机得到迅速发展，在近期发生的局部战争中，几乎无一不使用直升机。美军认为，“在未来战场上，谁失去一树之高的空中优势，谁就无法赢得战斗的胜利”。

面对武装直升机的严峻挑战，军事家们绞尽脑汁探索反直升机的办法，地雷这种造价低廉、运用灵活的武器，便自然地被列入打击直升机的武器之列。当然，那不是普通的地雷，而是针对直升机近地或贴地飞行的特点，研制的一种特种地雷。

1982 年，美国《国防杂志》和《陆军杂志》先后发表文章，提出了反直升机地雷的两种设想：一种是地对空型，设想在地雷上装有音响、光电双模传感器，使其能发现、识别和跟踪目标，并及时从雷体里发射出雷弹，将直升机摧毁；另一种是空飘型，设想用缆绳拴住悬吊有雷弹的气球，飘浮在低空中，当直升机飞近时，感应引信就会动作使雷弹起爆，将目标炸毁，另外，飞机碰到缆绳上也会发生事故而坠毁。第二次世界大战时，英国曾在伦敦上空布设过空飘雷。在中东战争中，埃及也曾采用过这种武器，都收到了一定的效果。

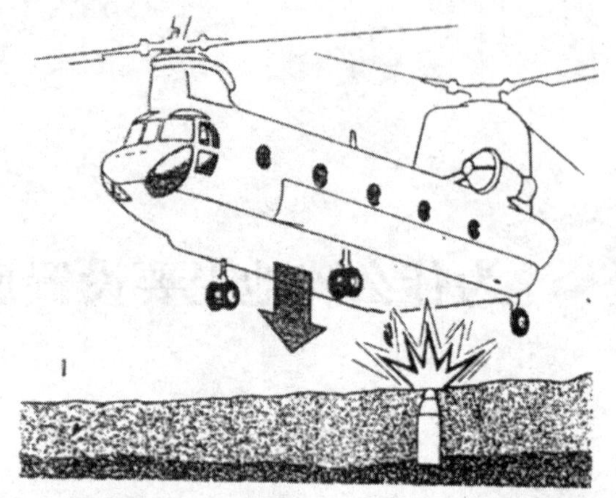

1. 攻击悬停中的直升飞机；2. 攻击航行中的直升飞机

地雷攻击直升机

1989 年，美国国防预研项目局正式提出了反直升机地雷的战术技术指标，要求这种地雷能预先发现和准确地识别敌机与友机；能在昼夜的条件下使用；不仅可人工布设，还可用飞机、火箭、车辆布设；其探测距离大于 1000 米，跟踪距离大于 250 米，最小有效射程 100 米，能对付直升机集群；最大重量不超过 18. 14 千克。

反直升机地雷为什么能追捕“空中坦克”呢？主要是因为它有一个特别聪明的“大脑”，并有比老鹰的眼睛还明亮的“视觉器官”和比猎犬的耳朵还灵敏的“听觉器官”。雷达上的声学传感器可以全方位地探测远达

1000 米的直升机，红外传感器可不分昼夜地探测近距离飞行的直升机。两种传感器相结合，有远有近，眼观六路，耳听八方。传感器收到目标信号后，立即传给“大脑”的信号处理器，由“大脑”根据直升机桨叶发出的特殊信息等鉴别出直升机的类型和敌我；当确认是敌机后，便立即发出指令，启动雷上的战斗部，射出雷弹，将敌机炸毁。

这种智能化的反直升机地雷不久就会问世，其他类型的反直升机地雷也在孕育之中。

为什么要使用核地雷

在“北约”和原“华约”两大军事集团对抗的时期，联邦德国曾沿柏林墙及东部边界、易北河、莱茵河设置了一道总长 800 千米、纵探 100～150 千米的“核地雷障碍带”。这一情况的出现，当时引起了世界军事家们的极大震惊。尽管核地雷并不像“北约”所鼓吹的那样：“一旦起爆，能很快改变东西方力量的对比，陷对方于不利境地”，但是，核地雷的问世，毕竟说明了战术核武器小型化及其作战运用的发展。从有关报道得知，核地雷比一般地雷的破坏作用要大万倍以上，并有多种用途和作战效能。

一是核地雷能以极少的人力、物力和时间，构成难以克服的巨大炸坑，障碍部队的行动。据美国效应试验证明，1 枚 1200 吨级梯恩梯当量的核地雷在冲积岩层的 5.2 米深处爆炸，可形成直径 79 米、深达 16 米的巨大炸坑，坑沿还会造成 2.4 米高的积土，这就足以障碍任何装备的地面部队机动。二是能造成大面积的放射性污染区。据试验，1 万吨级梯恩梯当量的核地雷爆炸，在风速为 5 米/秒的条件下，辐射级为 100 拉德/时的放射性沉降物散落区长达 14.5 千米，即使乘坐车辆去克服这类障碍区，也至少要过两昼夜以后；要从带放射性污染的炸坑中为部队开辟出通路困难极大。三是能以巨大的爆炸威力，特别是冲击波、光辐射、穿透辐射和放射性污染等综合作用，直接摧毁军事设施和武器

装备，杀伤有生力量。1枚2000吨级梯恩梯当量的核地雷爆炸，可摧毁和杀伤180米距离内的坦克、260米距离内的装甲输送车辆辆、950米距离内的暴露人员；当对方装甲部队沿3千米正面发起进攻时，仅1枚核地雷就可摧毁其12%的坦克、17%的装甲输送车辆；在核地雷爆炸作用范围内仅核辐射就可使对方70%以上的人员被杀伤。

核地雷的构造并不神秘，它主要由战斗部和成套组合件组成。其战斗部内装填不同等级的核装药；成套组合件主要包括：导电线、发火装置（FD)、定时器（T)、判读器（D）等。将各部件依次连接起来便成为一枚核地雷。美军研制的10吨级霍特核地雷仅长91厘米、直径38厘米，重约45千克，1名士兵即可携带。

由于核地雷具有重量轻、体积小、威力大、使用简便等优点，极便于作战运用，因而受到重视。美军从20世纪60年代初就装备了第一批核地雷。目前，已研制出从10吨至15000吨级梯恩梯当量的核地雷系列。在核武库中贮备有600余枚核地雷。据报道，在英国、荷兰、联邦德国、关岛和韩国还贮存有300枚核地雷。苏军在一些大型演习中，也十分重视运用核地雷的情况设置。美军在工程兵中还专门编组有核地雷分队。

为什么在海湾战争中美国兵最怕化学地雷

在海湾战争中，有位前线记者作了个战地征答，问美国士兵最怕什么武器？他们几乎是同样的回答："既不怕飞机、大炮，也不怕地雷，而最害怕伊拉克使用化学武器，进行化学战。"是的，萨达姆一直在喧嚣要使用化学武器；特别是伊拉克在两伊战争中，使用糜烂性毒剂芥子气和致死性神经毒剂塔崩，让伊朗造成的惨重伤亡，使人们记忆犹新。可是，记者听了士兵的回答，却不禁哑然失笑。他们为什么笑呢？

原来在化学武器库中，就有形形色色的化学地雷，这些美国士兵把它给忘记了。但是他们不该忘记，在美军的战斗条令中，就明确规定："任何一个部（分）队都应学会布设化学地雷。"

尽管自 1952 年日内瓦会议，就有了禁止使用化学武器的世界性条约，可是，由于化学武器制造容易、造价低廉，一般国家都能生产，而且战场使用方便、杀伤力大、防护困难，具有很大的威胁力，所以被一些国家的军队所青睐。化学武器的种类日益增多，杀伤力越来越大。

特别是二元化学武器（将两种或多种无毒性或低毒性化学物质分别装在同一化学武器上的不同容器中，在起爆前使几种化学物质临时混合起来，形成一种有毒战剂）的出现，使化学武器的生产、贮备和运输、使用都很安全。因此，有越来越多的国家在秘密研制和购置化学武器，甚至化学武器被一些军事家称为是"穷国的核武器"。据美国中央情报

局不久前的一份调查报告表明，伊拉克、伊朗、叙利亚、利比亚、埃及、以色列、埃塞俄比亚、越南、缅甸、秘鲁、古巴等20多个国家及我国台湾都已成为化学武器俱乐部的成员。其实，众所周知，世界上拥有化学武器最多的国家，莫过于美国和苏联。据有关材料记载：美国现贮备有15万吨各类化学武器，其中包括数十万枚化学地雷，可随时根据需要将化学战剂装填到地雷壳里，用飞机、火炮、火箭布撒到战场上。难怪在海湾战场上，一些美军士兵几乎连洗澡时，在腰际都别着防毒面具。

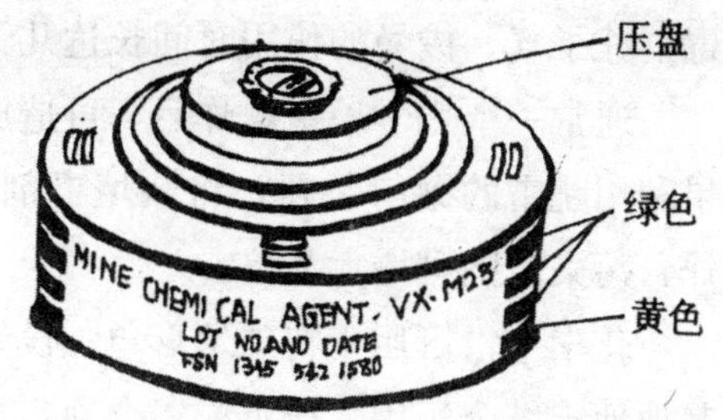

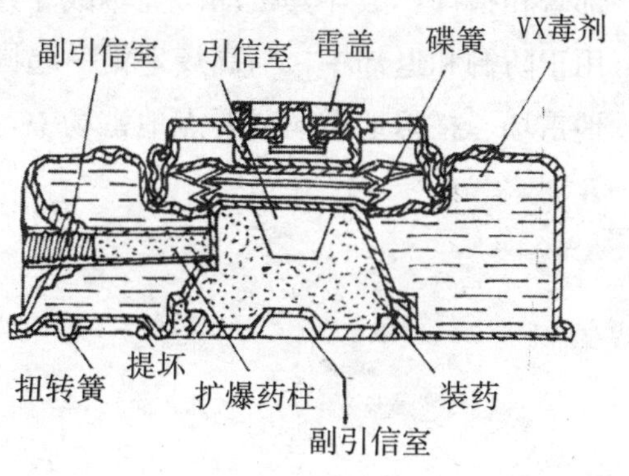

美军M23化学地雷

美军装备的M23化学地雷，内装4.77千克神经毒剂，据说毒性极其剧烈，哪怕是皮肤上沾一滴，就可致人于死地，更不用说吸入体内了，而且杀伤作用能保持3～21天。

不同的化学地雷爆炸后毒剂呈现不同的形态，有的是烟幕状，有的是雾状（蒸汽状），有的是粉末状或液滴状。烟幕状和雾状（蒸汽状）主要是污染空气，其杀伤作用时间依据天气而不同，一般为10分钟至几十分钟；粉末状和液滴状的主要是污染地面，其作用时间较长，可达几小时甚至十几天。装填不同毒剂的地雷，爆炸后的作用时间也不同。像临时性毒剂沙林、氢氰酸的作用时间极短，仅3～4秒种；而长久性毒剂芥子气、梭曼的作用时间长达几天甚至几周。

通常一个化学地雷爆炸后，可造成15～450平方米的杀伤面积。如果利用跳雷的抛射装置，将装填毒剂的雷弹抛至1.5米以上的高度爆炸，污染范围可增大几倍。

化学地雷可用于特殊地形单独设置成化学地雷场或地雷群；也可与其他地雷结合运用，设置成混合地雷场。运用飞机、火箭等快速布雷手段，可以将化学地雷布撒在对方阵地纵深内和要点周围，以打乱其作战部署和指挥，破坏其机动。美军战斗条令中明确规定："化学地雷通常用于防御和退却中，与高爆地雷一起构成高爆——化学地雷场。在战术地雷场、拦阻地雷场或要点地雷场中，都可以使用化学地雷"。

为什么阿富汗儿童屡遭“玩具”杀伤

1980年，阿富汗库纳尔省的一些少年儿童，在外面游玩时，欣喜地拣到几只手表，正在争相观看着、摆弄着，突然一声爆炸，无辜的少年儿童当场倒在血泊之中。据报道，仅1980年下半年，库纳尔省就有50人遭到这种手表式诡计地雷（简称“诡雷”）的伤害，有些阿富汗军人也屡遭诡雷的杀伤。该省发现侵阿苏军布设的各种诡雷达数万枚之多，其中，除制作成手表形式以外，还有的制作成钢笔、玩具、袖珍收音机等颇具诱惑力的物品。

在战场上，诡雷被称为“诱人的暗箭”“诡诈的杀手”。因为，诡雷大都披着诱人、惑众的外衣，设置在敌人必到或可能接近的地点，造成一种隐真示假的环境，从而达到出敌不意的杀伤效果，并能使敌人产生严重的恐惧心理，以扰乱和迟滞其行动。

根据作战对象的特点、战场环境和作战任务的不同，诡计地雷大体可分为：诱喜型——将地雷制造成使敌人喜爱的物品，如手表、首饰、玩具、收录机、书籍、公文包、饮料、香烟、枪支等形状，或与其相连，使敌人一旦触动这些物品，便会爆炸；激怒型——将地雷与足以使敌人发怒的传单、漫画、标语牌、模拟草人等物体相连，引诱敌人去清除，造成爆炸；易动型——将地雷与门、窗、桌椅、电话、电灯等相连，只要敌进入了这一环境就难以避免要去移动这些东西，从而引起爆

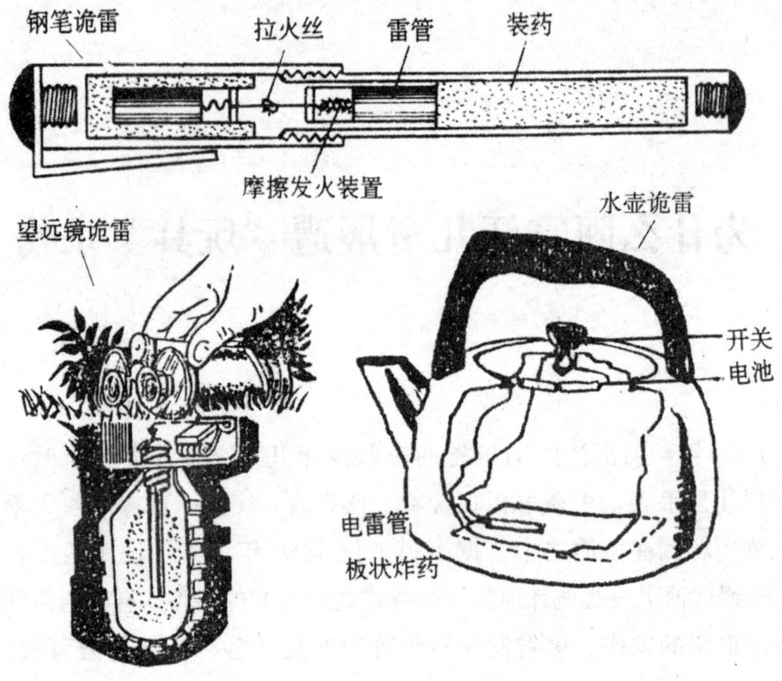

斗智斗谋的诡雷

炸；反排型——将地雷设置在妨碍敌人行动的物体下面，当排障时便爆炸；隐真示假型——用一枚逼真而又稍露痕迹的假雷吸引敌人的注意力，当敌人集中精力去排除假雷时真雷爆炸。

在战场上运用诡雷的成效，被视为敌对双方智慧与临战应变能力的竞赛。设置诡雷要达到预期的目的，关键是根据作战任务和时间、地点、环境气氛及对方的心理特点、生活习性、活动规律等具体情况，灵活多变，使对方摸不清规律，看不出破绽。在第二次世界大战时，苏军就曾根据德国兵喜爱书籍的特点，制造过书本诡雷，一翻动这种“书”便爆炸。美军《地雷战条令》中还专门规范了在反坦克地雷上加装诡计引信，使对方人工排雷时遭受杀伤。

为什么有的军事家强调地雷把敌人炸伤比炸死更好

长期以来，人们不言而喻地认为，在战场上布设反步兵地雷，当然最好是把敌人炸死。可是，现在出现了一种相反的观点，认为把敌人炸伤，使其失去战斗力比炸死更好。因为，把敌人炸死了，敌军只是失去了死者的战斗力；如果是把敌人炸伤，敌军就不仅仅是失去了伤者本身的战斗力，而且每个伤员还要有数人，甚至在困难条件下多达8人去抢救、护理、运送他，这就使敌军实际的战斗减员比伤员数量多几倍；并且伤员给部队官兵造成的精神威胁和影响，更为广泛、严重和深远。

在这一理论观点的指导下，不少国家对反步兵地雷进行了突破性的创新，研制出装药量仅有几克或十几克的微型地雷。

原来的反步兵地雷重量一般都有0.5～1千克重。20世纪50年代初期，美军在侵朝战争中使用的最小的反步兵蝴蝶雷，重1720克，内装230克梯恩梯炸药。而目前美军装备的一种M25反步兵地雷，直径29毫米、长76毫米，全重78克，内装9.4克特屈尔炸药；脚踏上雷后，便放出一股聚能射流，炸穿人员脚掌和汽车轮胎。美军还研制了一种超小型反步兵蝙蝠雷，全重仅29克，内装6毫升液体炸药，人一踏上就爆炸，使其伤残失去战斗能力。英军装备的一种反步兵子弹地雷，其战斗部就是一粒普通手枪子弹。这种雷形如粗铁钉，插到地上就设置

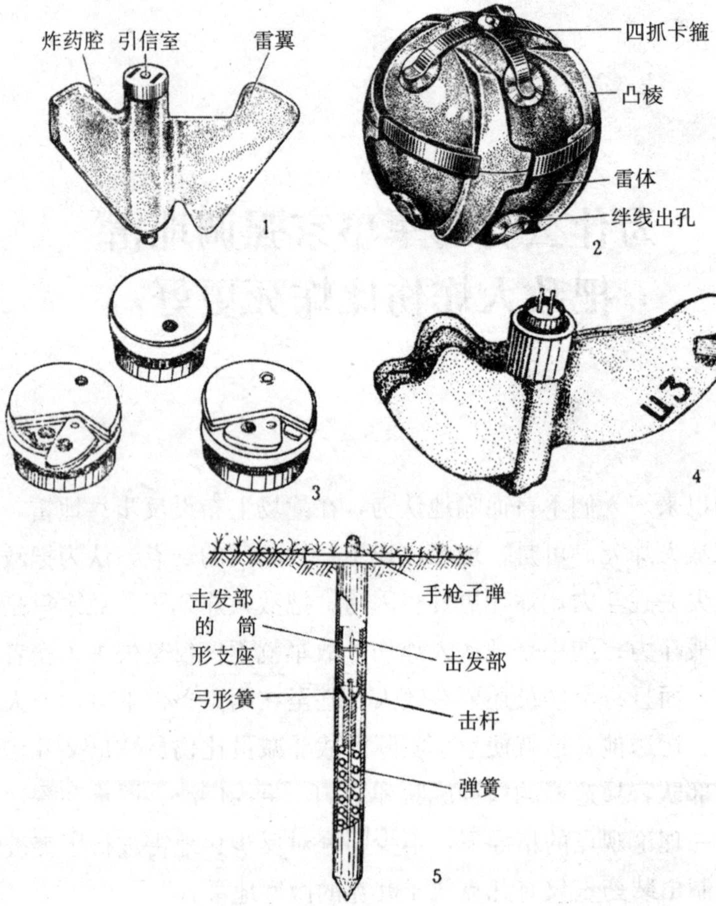

炸药腔 引信室 雷翼
1
四抓卡箍
凸棱
雷体
绊线出孔
2
3
Ц3
4
手枪子弹
击发部的筒形支座
击发部
弓形簧
击杆
弹簧
5

1. 美军的蝙蝠雷；2. 美军的蜘蛛雷；3. 英军突击队员雷；
4. 苏军在阿富汗空投的蝴蝶雷；5. 美军的子弹雷

小型化的地雷

好了；脚一踩上，弹头随即射出，能击穿脚掌。20 世纪 70 年代，英国还研制出一种鼓噪一时被称为“突击队员”的反步兵地雷，其形状甚似圆形鞋油盒，直径 60 毫米、高 30 毫米，全重 110 克，内装 10 克钝化黑索金炸药，可炸伤人体下肢。这种雷的最大特点是有一个专门的安全装置，设有 3 道保险机构，还有 1 个钟表式延期装置，不仅从空中布撒

落地时不会爆炸，而且可将布设过的地雷回收再用（图 30）。

地雷小型化，不仅大大地减小了体积和重量，便于运输、携带和人工布设，尤其是为运用机械、火箭、火炮、飞机等现代工具进行大面积快速机动布雷创造了条件，有力地推动了布雷方式的革新。一种可用飞机或火箭布撒的树叶雷，每 4000 个装在一枚母弹里，发射 1 枚母弹就能布设成数平方千米面积的地雷场。美军的 XM74 飞机布雷系统，1 架次就可以布撒 7680 枚蝙蝠雷，能构成 10 平方千米正面的反步兵地雷场，大大提高了开展地雷战的效能。

当然，并非任何条件下都是使用微型地雷都有利，例如，当受到地形、敌情限制不允许大量布设地雷，而又要拦阻敌集群步兵的冲击时，就常常需要使用高威力、大杀伤范围的反步兵地雷。像瑞典研制的 FFV-013 大型破片地雷，长 43 厘米、宽 25 厘米，全重 30 千克，内装 9.5 千克炸药，并装有 1200 块呈六角形的预制破片，爆炸后，有效杀伤半径达 150 米，可形成一个宽 100 米、高 4 米的杀伤弹幕，相当于 1 个步兵连的步机枪同时开火（各打 1 发子弹）火力密度的 10 倍。

为什么要布设陆军水雷

现代立体战争是地上、空中以至水下一体的联合行动。无疑现代地雷战，除活跃在地上和空中外，浅水海域和江河、湖泊也是它广阔活动的领域。海湾战争之后，美国国防部在向国会提交的《海湾战争》报告中，不无后怕地写到："在排除地雷和水雷，特别是在排除浅水水雷方面，我们的能力需要加强。假如需要进行大规模两栖作战，这一点可能会使我们付出更大的代价。"可见，浅水水雷是军事家们十分重视发展的一种现代地雷战武器。

所谓的浅水水雷，在我国过去称为"江河水雷"。因为这种水雷一般是由陆军掌管和使用，所以在军语上称为"陆军水雷"。这种雷不仅可以布设在内陆江河、湖泊中，也可布设在沿海浅水区（一般水深不超过5米）；用于阻滞、破坏敌登陆舰艇、水陆坦克、两栖运输车辆，杀伤登陆人员。

因为布设陆军水雷的江河水深受着流量的影响，海水深度受着潮汐的影响，这就要求有适应不同的水深条件、水位变化和抗击不同登陆工具的多种类型的水雷。通常陆军水雷按布设在水中雷体呈现的状态不同区分为3种：一是沉底水雷——雷体落在水底；二是锚碇水雷——雷体用锚碇和锚纲系留在水中一定深度或水面上；三是漂浮水雷——雷体漂动在水面上，随波逐流。陆军水雷按配用的引信类型不同也

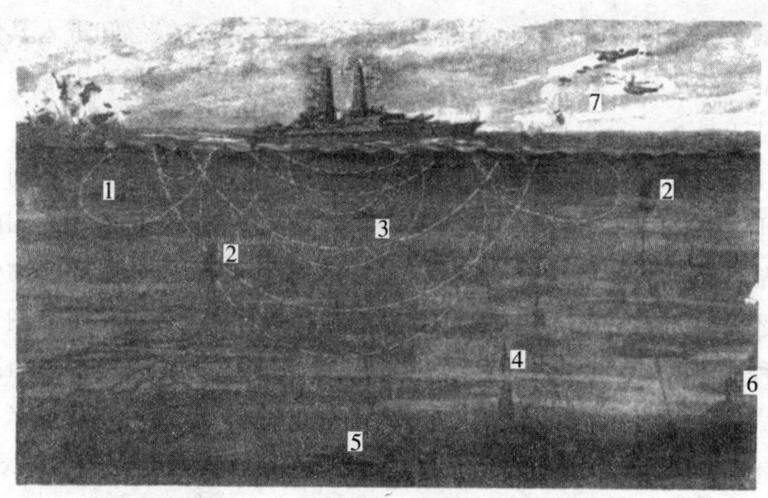

1. 自动定深水雷　2. 触发锚定水雷　3. 非触发锚定水雷
4. 自动上浮水雷　5. 非触发沉底水雷　6. 超声波水压水雷
7. 飞机布设水雷

各种水雷布设状态

分为 3 种：一是触发水雷——配用触发引信，只有目标直接碰撞到引信上水雷才能起爆，多为锚碇水雷和漂浮水雷；二是非触发水雷——配用感应引信，只要目标进入水雷的毁伤范围，引信便能接受到目标发出的声、震、磁、水压等物理场的作用，适时引爆雷体，多为沉底水雷；三是操纵水雷——配用有线或无线遥控引信，当目标进入水雷毁伤范围时，操纵者在岸上或舰艇、飞机上，遥控引爆水雷。也有的水雷上配用定时引信，用来潜入敌后破坏其港口码头、渡口及其他水中目标。水雷布设简便，隐蔽性强，排除困难，对水中航行工具威胁很大。

为了适应水深变化较大的条件，意大利研制出一种能适用于水深从几厘米到 3 米的 MAL 型锚碇水雷。该雷雷体为球形，直径 380 毫米，内装 17 千克梯恩梯炸药，全重 22 千克。雷体下面有 4 个叶片能起稳定作用，保持雷体最佳状态，并用不锈钢雷链与 50 千克重的锚碇相连，

可根据水深调整雷链长度。雷体上面有3个传感器，能感知进入其作用范围的登陆工具，适时起爆，可摧毁登陆艇、水陆坦克和装甲输送车辆等登陆工具。

从第四次中东战争埃及以迅雷不及掩耳之势强渡过苏伊士运河，到英军不远万里到马岛登陆，都说明在现代局部战争中，抗击大兵团的渡海登陆行动是一项极为重要的任务。这就不仅需要沉底水雷和锚碇水雷，还需要大量可以快速大面积布撒的漂浮水雷。为此，法军专门装备了两种用于破坏浮桥和江河运输工具的江河漂浮水雷。其雷体为圆柱形，壳体用塑料制作。这种水雷有2种型号：一种直径480毫米、高510毫米，内装12千克炸药，全重26千克；另一种小型的直径180毫米、高60毫米，内装2千克炸药，全重仅5.8千克。两种水雷均配用带触发杆的引信。这种水雷可以人工或车辆、舟、艇从江河上游投放，用于封锁江面，或顺流而下攻击下游的敌渡河部队。

纵观武器发展的动向，大凡濒海和多江河的国家军队，都十分重视装备陆军水雷。据报道，连日本技术研究本部也正在积极研制新型抗登陆水雷。日立造船公司和石川制作所于1988年签订了试制抗登陆水雷和水陆两用的爆炸装置合同，与此同时还与有关公司签订了研制新型特殊引信和高能炸药的合同。据报道，1990年，轻量级小型沉底锚碇陆军水雷，已进入了技术开发阶段，预期下一个中期防务计划的前半期，将实现研制目标。

陆军水雷主要用于江河、海岸和岛屿防御作战，构成抗登陆障碍区，以阻滞敌方换乘后的登陆舰艇、舟筏、水陆坦克和两栖输送车辆靠岸，杀伤抢滩登陆的敌有生力量，并为岸防火器发扬火力，将登陆之敌消灭在水际滩头创造条件。陆军水雷还可用于加强防御薄弱的前哨阵地、翼侧、间隙地，也可以作为特工人员深入敌后袭扰敌人的重要武器。美军战斗条令提出："在使用常规武器作战时，地（水）雷爆炸性障碍物是抗登陆工程障碍物的主要组成部分，可以迟滞（破坏）敌登陆

兵的上陆，为消灭上岸和夺取濒海地带之敌创造有利的条件。”日军在《陆战研究》杂志上专文提出：设置水际障碍物，不仅能阻碍敌在登陆前后实施海上机动，暴露其弱点，而且还能为己方发扬火力和发挥机动力创造条件。我国有 18000 余千米的海岸线和 5000 多个岛屿，内陆江河、湖泊，纵横交错、星罗棋布，在未来保卫领土完整的反侵略战争中，陆军水雷对抗登陆作战有着举足轻重的作用。

为什么有的国家研制多功能地雷族

1988年10月，在美国陆军第35届年会上，首次展出了一种联邦德国的诺贝尔公司研制的“黛娜”（DYNA）地雷族。这种全新概念的地雷，令人耳目一新，其中包括AT2反坦克地雷、AP反步兵地雷、AM反装备地雷、S信号雷和SW陆军水雷5种不同性能的雷型，恰似

多功能地雷族中的AT-2反坦克地雷

地雷大家族的缩影，所以称为“地雷族”。

地雷族中的每一种地雷的外形和大小、重量都基本相同，均为圆柱形，塑料壳，直径103.5毫米、高128.7毫米，全重约2.2千克，都配用电子机械引信，除SW陆军水雷以外，都装有一根竖直向上细长的目标传感器；雷体表面涂有非反射性的涂层，具有防红外和雷达侦测的良好伪装性能。这种地雷体积小、重量轻，并都带有降落伞等缓降物，很适用于飞机、火箭、火炮、机械大面积布撒。据称，该地雷族中的每一种地雷都可储存10年，而不失效。

在这个地雷族中，AT-2反坦克地雷可算是老大，其他各种性能的地雷都是以它为基础发展而成的。该雷战斗部内装0.7～0.8千克钝化黑索金炸药，采取聚能装药结构，爆炸后可穿透140毫米厚的装甲；配用震动－磁感复合引信，当坦克通过它的上方时，不论是否触动了它，都会起爆，炸穿底甲，毁坏履带，而且破甲的后效会引起车体内爆炸或起火，使坦克彻底瘫痪。因为坦克和装甲车辆在通过这种地雷上方的全宽度内都会命中目标，所以被称为“全宽度反坦克地雷”。

AP反步兵地雷，其战斗部也是聚能装药结构，但在装药底部和四周围密布着杀伤钢珠。该雷在地雷设置好以后，便抛出一根长约12米的绊线，一旦触动了绊线便首先点燃雷体底部的抛射药，将聚能装药的雷弹抛至大约8米高的空中爆炸。这时，钢珠在聚能装药爆炸力的推动下，便如同颗颗子弹向四周飞射，在30米半径范围内平均每平方米上有1个杀伤钢球；其有效杀伤半径达35米，胜似1发炮弹。

AM反装备地雷，与反步兵地雷相似。其雷弹内也是聚能装药，但仅底部有钢珠；当引信受机械、车辆等目标的作用发火后，雷弹便被抛至空中爆炸，形成大量高速飞散的弹丸，不仅能杀伤有生力量，而且可穿透100米范围内20毫米厚的低碳钢板，在5米半径范围内可穿透100毫米厚的装甲，其毁伤弹丸的飞散密度为每平方米1个。因此，这种地雷是对付各种轻型车辆装备的有效武器，成为摩托化部队的劲敌。

S信号雷，没有杀伤作用仅有报警的功能，因此其内部结构与前几种地雷迥然不同，也与一般的信号地雷不同。通常信号地雷都是靠声响、光亮来显示敌情进行报警的，而S信号雷是靠发射无线电波来报警，这样它已报了警而敌人还难以发现。在这种雷体里有个发射特定无线电波的发射机，雷体底部装有发射天线；雷壳本身就是个火箭发射筒，内壁四周是火箭发射药。当敌人进入它的警戒范围时所发出的噪声便被雷上的传感器探测到，通过引信启动火箭发动机，将整个地雷垂直推送到空中，这时天线展开，将编码信号发送给阵地上的指挥控制中心，从而起到报警作用。

SW陆军水雷，其外形结构与前几种地雷有所不同。雷体上部顶着一个长圆柱形气包，底部有一个气体发生器。在向水域布撒这种雷时，气体发生器便自动向气包内充气，可使雷体缓慢下降落到水上，并起浮囊的作用，从而替代了降落伞和支腿。其战斗部与AT-2反坦克地雷大致相同，也是聚能装药，能炸穿140毫米厚的装甲，可摧毁登陆艇和水陆两用装甲输送车辆。这种陆军水雷还可锚碇在水际滩头，以阻炸抢滩登陆之敌。

地雷族的出现引人注目的原因：一是它适应现代战争样式多样化的要求。地雷不仅要用于反步兵、反坦克、反登陆工具和各种机械车辆，还要能承担通信报警等任务，地雷族的多种功能正是迎合了这一需要，特别是便于利用同一种工具布设多种类型的雷场，以对付来自不同途径和不同装备的敌人。二是地雷族适应武器装备标准化、通用化、系列化发展的要求。地雷族中的各种地雷，大部分结构、形状、尺寸都是统一的，这就为地雷的制造、保管、运输和使用提供了极大的便利条件，使效费比成倍提高。

为什么要像天女散花那样布地雷

目前，各国军队都十分重视发展利用飞机、火箭、火炮以至导弹进行类似天女散花式的布雷，并已形成了远、中、近程的布雷体系。这是为什么呢?

第一，现代战争需要的地雷数量非常巨大，如何适时地布设好适应战役、战斗要求的地雷场，便成了一个突出的问题。纵然像我们这样的国家可以依靠人民战争的力量，但是，往往一个战役就要布设数十万、上百万枚地雷，像海湾战争仅仅 42 天，敌对双方就布设了近百万枚地雷，倘若还像《地雷战》电影里那样人工挖坑一个个埋设，那是无论如何也力不从心的。在第二次世界大战时，1 个工兵连人工布设 1 千米正面的反坦克地雷场约需 5 个小时，而用火箭布雷只要几十秒钟就行了。

第二，现代战争的突然性、机动性、速决性和破坏力空前增大，战场情况瞬息万变，战机稍纵即逝，作战样式和战线转换异常频繁，不允许将地雷都预先布设好。实战证明：一般在战斗过程中，有针对性地适时机动布雷，要比预先布雷的效果高 10 倍。因此，有的国家规定机动布雷的比例要达到 70%，甚至在组织仓促防御和进攻作战中，要求全部采用机动布雷，这在现代局部战争中显得格外重要。20 世纪 80 年代以来发生的英阿马岛之战、苏军入侵阿富汗战争、海湾战争等几场大规模的局部战争，几乎无一不运用飞机、火箭等进行大面积的快速布雷。

飞机布雷

第三，超越空间的抛散布雷，具有极大的进攻性。军事家们普遍认为，可抛撒地雷的出现使地雷的运用提高到了一个崭新的阶段。地雷已不再仅仅布设在防御阵地或目标的周围，守株待兔，而且可以根据战役、战斗要求，把地雷作为一种“火力”，以攻势布雷行动，将大量地雷抛撒到敌人阵地上、集结地域内、开进队形中和指挥所、交通枢纽、机场、港口、后方补给系统周围，陷敌于雷海之中，达到拦阻、堵截、分割、包围敌人的目的。有些地雷落到坦克等目标上，会宛如一颗小炸弹将其炸毁，落到地面上，又能发挥长效的障碍作用，为其他兵器发扬

火力创造条件。

第四，抛撒布雷还为诸军兵广泛参加地雷战提供了武器。开展地雷战不再仅是工程兵的任务，只要给炮兵、装甲兵以及空军、海军等装备一种布雷弹，便可随时参与布雷，为合同作战增强阻、炸、打的整体力量。

为什么每年世界上有7000～8000无辜平民被地雷炸死

据联合国估计，目前世界上每年死于地雷的人数达7000～8000人。除在战争过程中，交战双方军人死伤于地雷之外，战争遗留下来大量的未爆地雷，还长年设伏在大地上，不时地暴跳起来，夺去了平民的生命和健康。据联合国对发生过战争的62个国家调查做出的保守的估计，在这些国家的地下还埋藏着8500万至1亿枚地雷，其中有的还是第一、二次世界大战时留下的。

为什么战争过去了，还会有那么多地雷留在战场上呢？这主要是由于地雷这种廉价、有效的武器在战争中运用得越来越广泛，特别是采用飞机、火箭、火炮等快速、大面积、远距离布雷手段，使布雷越来越缺乏规律性，地雷场很难有准确的界线，这就给排除地雷造成了极大的困难；再加上高技术运用到地雷上，使其抗探测和抗排除的性能日益提高，使战后不仅扫除敌方布设的地雷让人胆战心惊，即使排除己方布下的地雷也令人头痛。经过14年内战的阿富汗，地下留有约6000万枚地雷，在过去的3年里35支扫雷队虽已成功地清理了一些大城市周围共2500万平方米的土地，排除了6万枚地雷，可至少还有6000万平方米土地有待扫雷。国际红十字会估计，如果采用人工方法，按每年清理30平方千米计算，还需要4300年才能全部清理完。因此，大约还有

350 万阿富汗难民不敢返回家园。

为了让布设的地雷，在交战过程中仅阻炸敌人而不妨害己方的行动，特别是不给战后留下隐患，在现代地雷上大都加了定时自毁装置，使布设的地雷到预定的时间便会自行起爆。像美军的 M34 反坦克地雷和瑞典研制的 FFV-028 反坦克地雷上，采用的是电子自毁机构。配用这种装置的地雷，布设一定的时间以后，由于电池消耗、电压下降，而使地雷起爆。日本则采用了电化学延期机构来使布撒的地雷定时自毁。有些国家还在大力研究采用遥控技术使地雷场、地雷群中的地雷自毁或失效。还有的军事家正在研制可以回收的地雷。这些都可使战后无辜平民免遭地雷的伤害。

正在中越边境清扫地雷的中国人民解放军指战员

为什么探雷器能发现埋在地下的地雷

一位战士，头戴耳机，手持探雷器，贴近地面前后左右搜索着，突然耳机中发出一种异常的音响，他又反复探测了一下，用小旗标出了地雷的位置，并十分肯定地说："这里埋着一枚××型地雷。"这就是目前运用得最广泛的探雷器探雷。在海湾战争后的扫雷中，一些前往扫雷的人员，使用了一种奥地利和瑞典联合研制的AN-19/2式探雷器，可以探测出带有不足1个小米粒大小0.15克金属的地雷。还有的探雷器可以安装在直升机上，低空飞过地面，便可发现哪里布设有地雷场。这些多种多样的探雷器，尽管大小不一，形状各异，但大都是利用电子装置，通过测物理场的变化从而发现地雷的。一般探雷器都由探头、信号处理机构和报警装置3大部分组成。其基本工作原理大致可分以下5类。

第一类是利用金属的涡流效应探测带有金属体的地雷。这种探雷器能辐射出电磁场，使地雷上的金属部件，如雷壳、传动装置、引信、电路等磁性体受激产生涡电流；这种涡流效应又作用于探雷器的电子系统——振荡器上，产生振荡信号，从而发现地雷。使用这种探雷器，当探头靠近有磁性的地雷时，振荡器所产生的磁场便使地雷上的金属部件产生涡电流，涡电流又产生新的磁场作用于探头，从而引起振荡器频率变化；由于这种变化使探雷器耳机中的声调改变，探雷手便可根据其声调

战士们正在利用探雷器搜索地雷

变化的大小判断出是否有地雷。熟练的探雷手，不仅可以根据声调变化的特点准确判断出地下是否埋有地雷，而且可辨别出地雷的品种。

第二类是利用铁磁体的染磁磁场探测带有铁磁体的地雷。因为，地球是一个巨大磁体，长期存在于地球磁场中的钢铁等铁磁性物体便带有一定的磁性，成为染磁体，在其周围也形成了磁场，其磁场强度随距离成梯度（空间两点间的磁场强度之差称为“梯度”）衰减。在非磁力异常地区，相隔几米、几十米的两点地球的磁场强度，可认为是均等的，其磁梯度为零；一旦地上有了铁磁性物体，便会出现磁梯度。这种探雷器就

是根据这一原理制造的。其探磁装置大都呈棒状，两端各装一个极其精密的磁敏探头；使用时，两个磁敏探头各测出所在点的磁场强度，输送到信号处理机构，将两点的磁梯度变成电信号，经电子线路处理，变成声音信号显示出来。如果地下没有铁磁性物体，声调便是稳定的。如果其中一个磁敏探头下有铁磁物体，声调就会改变，从而发现带有铁磁金属的地雷。

第三类是利用金属再辐射雷达探测地雷。用雷达侦察空中的飞机、地面的车辆、坦克等目标已有近百年的历史了，可是要用雷达的原理发现小小的地雷，还是现代高技术发展的结果。这种探雷器大都有一个发射无线电波的发射机和一个接收无线电波的接收机。发射机不断地向四周发射高频无线电波，当这些无线电波碰到一般的物体时便以相同的频率反射回来，这时接收机便拒绝接收这种空手而归的电波；而一旦无线电波碰到地雷上的金属部件或电子引信元件，便会辐射出三次谐波，这种谐波反回探雷器的接收机，便立即显示出来，从而发现地雷。

第四类是利用不同物质的介电常数差异探测地雷。各种物质的物理性质决定了其有不同的介电常数。通常介电常数随温度和介电物质中传播的电磁波的频率而变化。例如，一般土壤的介电常数为4～40，梯恩梯炸药的介电常数为2.2～4，而金属的介电常数远远超过土壤等非导电体。一旦土壤中埋设了与土壤介电常数不同的物体，便会使介电常数发生明显变化，将这种介电常数变化经过信号处理装置后，便可发出报警信号，从而将地下埋设的地雷揭露出来。根据这一原理制造的高精度探雷器，有的不仅能发现金属地雷，还能发现塑料壳、木壳地雷；还有的能发现埋设在土中的炸药。

第五类是利用炸药挥发的特殊气体探测地雷。一般地雷中总是装填有炸药的；炸药又总会不断地向外扩散微量气体，通过炸药中的硝基离子与氩离子结合的特性，便产生信号，从而发现地下埋设的带炸药的地雷。这种探雷器上大都有一个微型吸气泵，能不断地吸入带有炸药气体

的空气。在正常情况下，小范围内的空气可视为是均质的，不报警；而一旦吸进了含有炸药气体的空气，便发出报警信号。英国研制的 GC-710 炸药探测器，只要有百万分之一克挥发性的炸药气体就能发现，而对非炸药的香烟、香水、鞋油等气味则无反应。这种装置还常用于反恐怖活动。

随着高技术的发展，许多国家还在探索利用红外光谱摄影、全息摄影原理的探测地雷装备和运用激光侦察、电视设备对地雷场进行侦察。

为什么向地上喷洒化学药剂可以发现埋设的地雷

作业手拿起喷洒器朝着一块实验地面喷了一层药粉，正当大家对这一举动纳闷时，一种奇妙的现象发生了：在地面上显出了一个个颜色与周围不同的图形。作业手轻轻拨开变色的土层，地雷被揭露了出来。原来这是利用的化学法探雷。

化学探雷常采取向地上喷洒一种水敏性化学药剂的方法。这种方法之所以能揭露出潜伏在地面下的地雷，是因为土壤中埋设了地雷以后，便破坏了土层的结构，使水分在土壤中的上下移动受到影响：在晴天，埋有地雷处的地面要比没有埋地雷处的地面干燥些；而在雨后，埋有地雷处的地面要比没有埋雷处潮湿些。所以，地面下是否埋设了地雷，引起水敏性化学药剂发生变化的程度便有差异，于是现出不同的颜色，从而指示出埋设有地雷的位置。

这种化学探雷的方法，据美国报道，最早是由德国杜芬电子和自动化实验室研究出来的，其所采用的喷洒药剂是廉价的膨润土、氯化钙和水敏性染料。目前，所用的水敏性染料有：若丹明、萘酚绿蓝、荧光素二纳盐、四氯荧光黄、溴酚蓝等。因为，水敏性染料只有在地面水浓度较大时才能发生反应，所以需要在地面上用膨润土封闭，并加入氯化钙以进一步提高土壤中的含水率。探测地雷场，最好是在沸水开始蒸发

时，可用飞机喷洒由黏土、盐和水敏性染料混合成的探雷粉末。

采用化学法探雷，简单、快速、经济、安全，一般喷洒后10～15分钟即可探察出哪里有地雷。喷洒10平方米的面积，仅需1千克膨润土和1.5～5克染料，而且不会因触动地雷或诱发物理场变化等引起地雷爆炸。但是，这种化学探雷法，在雨天、被水浸泡的土壤、地面有积雪和茂密植被，以及干燥的沙漠、戈壁滩上不能采用，同时探测地雷的深度较浅，一般不能大于地雷长度或宽度的1/2。

几乎所有的军事家都有一个共识：在战场上探测和排除地雷，要比布设地雷更艰难。英国一位军事家于20世纪70年代曾著文强调："地雷与反地雷的研究是一场尚未展开的智斗，在我们看来，目前地雷占优势……我们应该提高扫雷的能力。"近20余年的事实正说明，探测和排除地雷的技术正与运用地雷的技术进行着殊死的竞争，化学探雷便是其中的一种成果，将来有可能发展成为适用于大面积探雷的高新技术。

为什么有些动物能探雷

就连科学技术高度发达的美国，也把用狗探雷作为3大手段之一，并在其战斗条令中加以规范。还有些专家在试验利用老鼠、海豚等动物的特异功能探雷。

狗之所以能在高技术的现代战场探雷中仍不失其特殊的作用，是由于它有超级灵敏的嗅觉、听觉和触觉器官。现代细胞学研究发现，人的嗅觉细胞仅有500万个，占鼻腔上部黏膜的一小部分；而狗的嗅觉细胞约有22亿个，分布在鼻腔内约150平方厘米的面积上，因此比人的嗅觉要灵敏万倍以上。据试验，狗能分辨出200万种不同物质、不同浓度的气味，空气中只要含有1亿亿分之3.358克的油酸气体分子，狗就能辨别出来。因此，狗不仅能发现埋在地面下30厘米深的地雷或炸药，还能追寻在一定时间内埋雷人的行动踪迹，从而为研究敌方布雷的行动提供情报。但是，美军研究认为，狗发现地雷并不是由于地雷本身的气味，而是靠它的嗅觉嗅出了接触过地雷的人体气味；因此，狗探雷会由于风和天气的其他变化而受到影响，气味过了4天之后就可能嗅不出来了。据测试，狗对新设置在土中的地雷，探测率约为75%。狗的听觉也特别灵敏，能听见相距7.6米远反步兵地雷上绊线被风吹动的微弱颤音。狗的胸部和前腿上长有一种特别敏感的毛，因此也能靠触觉发现抛撒布设的地雷。

利用狗探雷时，训导员跟在狗的后面 5～10 米处，用缰绳或口令进行指挥；狗曲折前进时，能发现 3～4 米宽度内的地雷。一旦发现了地雷，狗便蹲下来，这时训导员用探雷针精确探测出地雷的位置并加以标示，然后给狗一点好吃的东西，加以鼓励，再继续探测作业。据美军和苏军的报道，在一般条件下，1条探雷犬和1名训导员，每小时可探测 400～500 平方米的雷区。据我军某军犬训练基地试验，利用 1 条军犬，在 26 分 49 秒时间，便将正面 14 米、纵深 25 米，布雷密度为 1 的 29 枚反步兵地雷全部被狗搜索出来。英军认为，探雷犬在铁路线、建筑群和多障碍地面、碎石地面探测伪装设置的地雷特别有效。

纵然狗有得天独厚的探雷生理功能，但是，不经过专门的训练还是不能用来探雷的，只有经过严格的科学训练，才能将其功能充分开发出

犬在训导员指挥下探雷

来。美军认为，对狗探雷的研究重点是缩短训练周期和用遥控手段对狗探雷进行监视与控制，从而获得更高的作业效率，确保人员安全和保持探雷行动的隐蔽。

在动物群中，并非仅有狗能探雷，美国的一名军医还创造了利用老鼠探雷的方法。这位军医将1个微型电极植入老鼠大脑中产生快感的中心——丘脑中部，然后将老鼠关在特制的笼子里，间断地放出炸药气味让老鼠嗅，同时电极发出电波刺激老鼠的丘脑，使其产生快感并发出强烈的脑电波，这样经过反复训练，老鼠便会对炸药气味产生强烈的条件反射。由于埋于地下的地雷中的炸药，总会不断地散发出一些气味，淤积在覆盖的土层中和滞留在地表空气里，浓度逐渐增大，探雷鼠碰到后，便会产生条件反射，从而报警。在战场上进行探雷之前，在老鼠身上安装1个微型电脑，用安装有遥感控制设备的车辆，将探雷鼠运至可能有地雷的地区放出，当老鼠穿过雷区嗅到地雷里的炸药气味时，微型电脑便将老鼠的脑电波用无线电传给遥感控制车上的总电脑，准确地测定出地雷的位置。据说，这种探雷方法已得到了美军的重视，并拨款支持作进一步研究。

还有些国家在训练具有很高定向、定位及感觉器官的海洋哺乳动物探测水雷方面取得了很好的效果。据报道，美军曾用海豚搜寻水雷，在风速14米/秒、海浪4～5级的情况下，1只海豚3天时间搜索并标示出17枚水雷，其探雷效率相当于1个水雷搜索小队的2倍。在海湾战争前夕，美军将经过训练的几十只海豚放入波斯湾中游弋，准确地指示出敌方投放水雷的位置，对保护美海军的安全起了很大作用。

当然，那种“火牛”“火猪”“火羊”踏雷（在牛、猪、羊等大型牲畜的尾巴上捆火把，让其跑过怀疑有雷的危险区，探察地雷）的古老方法，在高技术发展的今天已不值得推广，但是在一些特殊的条件下，也不无作用。据报道，在马岛战场上，技术装备很发达的英军，在很多情况下，都不得不采取驱赶绵羊走在队伍的前面，借以发现地雷。

动物探雷主要用于对小范围雷区和不便于使用机械、电子探雷工具的环境中，以及特别危险的条件下，以隐蔽的形式探测地雷。试验证明，将某些动物的特异功能与遥控、电脑等高技术结合起来，可使动物探测地雷得到更大的发展，使之进入更高的层次。

为什么机动工程保障在现代战争中特别重要

“行动的自由是军队的命脉”。适时、快速、灵活、机动，既能对敌形成有利的态势，为歼敌创造战机，又能提高在战场上的生存能力。据有关资料报道，坦克在战场上的运动速度由每小时15千米提高到20～25千米，可减少损失20%～25%；一般的炮兵连，在5～15分钟内完成射击任务后，如能迅速转移阵地，生存力可提高15%～20%。因此，各国军队在作战中，一方面是千方百计提高自己的机动能力；另一方面又使尽招数降低和破坏敌人的机动能力，这就使现代战场上机动与反机动的斗争极其激烈，作战双方用于战场机动的时间比例日益增大。据统计，第二次世界大战时，军队用于战场机动的时间约占40%；而马岛战争中，英军用于战场机动的时间约占80%。因此，有的军事家说：从某种意义讲，现代条件下的作战就是机动作战。因此，机动工程保障是战役、战斗工程保障中极其重要的任务。尤其是在局部战争中，保障机动成为工程保障的首要任务。

在高技术战争中，由于远、中、近程高精度制导武器的广泛运用，使战场上的固定目标更加容易遭到攻击，固定战线很易被对方突破。例如，在海湾战争中，伊拉克的“飞毛腿”导弹固定发射架，在几天之内就被多国部队的空袭摧毁，而机动发射架却给多国部队造成了很大威

胁，许多发射架保存到战争结束。伊军原想依托长期营造的萨达姆防线和入侵科威特后构筑起的坚固防御阵地体系，与多国部队打长期的消耗战，以取得战争的最后胜利。可是由于多国部队采取了正面佯攻、侧方迂回包抄的作战行动，使得伊军赖以生存的防线未能在地面作战阶段充分发挥作用，而且由于伊军的后方支援被切断，指挥联络中断，前线孤立无援，军心涣散，一线部队开小差人数达 1/3，结果伊军迅速溃败。战后，美军立即总结海湾战争的经验，研究新的作战理论和战法，进一步修改作战条令，把“快速兵力投送”作为 1991 年 8 月正式定名的“空地一体运筹作战”的首要任务。今后，美国陆军的主要任务已不再是大量部署在预期的战场上，通过高强度的对抗来压倒对方、遏制战争，而是通过在需要时向世界上任何一个危及美国利益的地区迅速投送兵力，快速形成战斗力来达成战略企图。为此，美军还对部队进行了改编，使其规模更小、更精干、更适于高技术条件下机动作战的要求。与此同时，大力提高部队的机动作战工程保障能力，以求“能够在各个方向上，不失进攻锐势，果断地实施机动”。

为什么现代战争要求铁路、公路、水路、空中和管道等多种输送相结合

高技术在军事上的广泛运用，极大地扩展了兵力、兵器投入战场的空间，使作战向宽正面、大纵深、高立体和前后方区别缩小的方向发展；同时由于战争的突然性、破坏力增大、战争消耗惊人、机动保障和补给任务空前加重。据报道，在42天的海湾战争中，仅多国部队投入的武器装备总价值就达1020亿美元，而第一、二次世界大战中各国投入的武器装备总价值才分别为20亿和400亿美元。美军为了保障作战，在空运上动用了军用飞机和租用国内外商业运输机800余架，出动15600余架次；在海运上动用了军舰和租用国内外商业运输船385艘；在陆运上，动用了本土7个洲2400节车皮和沙特的500辆运输车；并充分利用战区内管道进行油料和用水的补给。这一切都有力地保障了多国部队的兵力、兵器机动和作战供应，为赢得战争的胜利提供了强大的物质基础。

实战证明，保障现代战争的交通运输工程，必须将陆、海、空的多种输送方式和工程设施有机地结合起来，以求优势互补，形成多路、多方面、多层次、立体的、四通八达的网路，保障人、物畅通无阻。在陆运中，铁路承载力高、流量最大，被称为运输“大动脉”，特别是铁路建设和抢修技术的大发展，为战时利用铁路运输提供了优越的

条件，可直达战役、战斗地域，具有较强的普及性、灵活性和隐蔽防护能力。随着部队摩托化机械化程度的提高，公路运输遍布于整个战场，如同伸向人体各个部位的血管。新兴的管道输送，是供给油料和给水的最好方式，可以快速敷设，受气候、环境的影响小，安全可靠，输送能

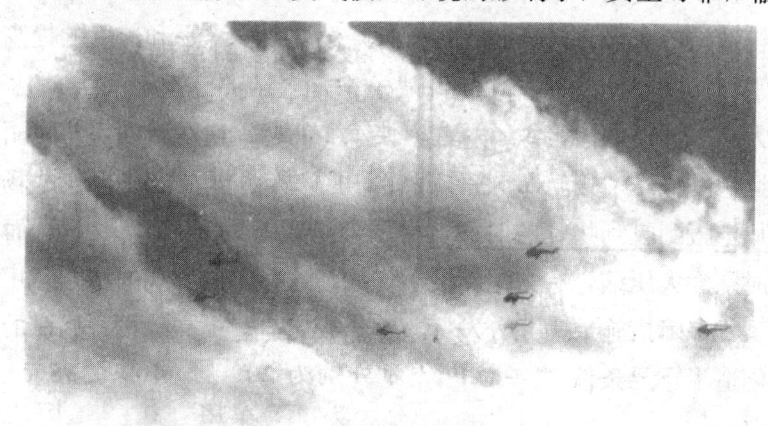

立体化的现代战争交通保障

力平稳，一条直径1200毫米的管道，每年可以输送4295万吨原油。在水运中，集装箱运输、流体运输、顶推运输等正向大型化、高速化、自动化的方向发展；气垫船运输也已成为重要手段。空运是现代化军队的重要特征，既适用于战略范围，又适用于战役、战斗范围的机动和补给。特别是构筑野战机场和直升机起降场的技术水平和速度的提高，使空运工程保障高速发展。在海湾战争中，多国部队空运兵力就达50.1万余人。美国还专门组织了“沙漠快车”的特殊空运行动，与民用航班和空运包裹快送“接轨”，将作战急需的物资由本土快速运往战场，使前线从申报到收到物资的时间，由两个星期缩短到72小时，从而将跨洋的时空大大压缩，有力地支援了作战。这些输送方式的结合运用和可靠的工程保障措施，为充分发挥整体作战能力、提高战役、战斗的时效性，创造了重要条件。

为什么40分钟就能在长江上架起浮桥

红、黄、蓝三颗信号弹腾空而起，划破了沉寂的长空——架桥演习开始了。隐伏在长江两岸的舟桥兵，似从森林里蹿出的猛虎，跃上泛水的舟桥器材。响亮的口令，娴熟的动作，结合—连接—牵引，惊涛骇浪中的上百只门桥，在舟桥兵的操纵下，犹如驾驭手下的烈马，在滔滔长江上驯服地依次进入桥轴线。说时迟，那时快，一桥飞架南北将波涛汹涌的长江拦腰斩断。隆隆铁骑，鱼贯开上浮桥（图38）。这时，指挥台上的计时表，刚刚走过40分钟。啊！架设一座长江浮桥，仅仅用了40分钟。1小时后，就有一个炮兵团开过长江。这对保障未来反侵略战争的战役机动，该是何等重要啊！

前来检阅的合成军首长，按捺不住兴奋的心情，快步登桥，紧紧握住架桥战士的手，激动地说："谢谢，谢谢，有了你们，一旦有事就不担心了。"这简而无华的评语，对以保障诸军兵种作战机动为己任的舟桥兵，是再高不过的嘉奖了，也是对舟桥科研人员含辛茹苦数十年的赞美。

有史以来，我国军队使用的舟桥装备都是进口的，尽管这些装备都有其时代的先进性，但都有一个共同的问题——不完全适应我国特大江河的特殊条件，抗风浪能力低，架起的浮桥稳定性差。1958 年，当郑州黄河铁路大桥被洪水冲毁、南北交通大动脉被切断时，周总理曾急调

滚滚铁骑通过用62式舟桥器材架设的长江浮桥

全军最好的舟桥装备和部队，前往架设浮桥；可是桥架成后没等通车就倾覆沉没了。沉痛的教训、紧迫的使命，如急鼓擂战，我军工程兵的科研人员横下一条心：沤心沥血实现舟桥装备的国产化、现代化。

浮舟，是舟桥器材的关键部分，舟桥的自重和荷载都要落在它的身上。原来舟桥器材，普遍采用的是敞着大口的舟，风浪一大，舟中就会灌水，失去浮力而下沉。同时，浮舟、桥桁、桥板等部件，都是分开制造、装运的。用这种散装舟桥器材架桥，又费力又费时，特别是难记那数千个部件之间的装配规范。像进口的恩二波舟桥器材，一套就有 60 余种、4000 个部件，一根桥桁重达 230 千克，一块桥板也重 75 千克。架桥时，要靠人力将一只只浮舟连接起来，将一根根笨重的桥桁从岸上搬运配置到舟舷上，稍一不慎，就会配错孔位，甚至砸伤肢体。用这种老式舟桥器材架设一座长 100 米、载重 30 吨的单行道浮桥，就需要 324 人、160 分钟；每名作业手累计负重达几十吨。不知有多少舟桥兵的身上，留下了长年负重“劳损”的伤残，砸伤四肢的事故屡见不鲜。

在奋发之中，一种国产封闭型的62式舟桥器材终于诞生了。这种器材的浮舟，一反常形，制成密封的钢质箱体，即使将整个舟体压入水下，它也会自动地浮起来，任凭风吹浪打，也不会沉入河底。一套器材由96个节套舟、4个架柱桥脚、4个滚筒码头和12部汽艇组成，用116辆运输车装载机动。架桥时，将节套舟和架柱桥脚泛水，依次以活节相连，然后安上桥桁，铺上桥板等部件，设置好锚碇，便可通行。根据通载要求和江河状况，可灵活调整舟桥的吨位和长度，既可几套器材集中使用，以克服宽大江河障碍，又可分为1/2套或1/4套独立使用。用它在长江、黄河、珠江、辽河4大水系上架设浮桥，都获得了成功。使用这种第二代舟桥器材不仅大大加快了架桥速度，而且使浮桥抗风浪的能力明显提高，成为我军二十世纪六七十年代克服江河障碍的主要制式渡河装备，至今仍然运用在江河保障上。1975年，我军舟桥部队在武汉地区长江上架起的千余米长、保障中型坦克通行的浮桥就是利用的这种装备；现今，这种舟桥器材已被列入淘汰之列，种种新型高性能的舟桥器材，正源源不断地装备部队。

为什么在第四次中东战争中埃军能一举在苏伊士运河上开设62个渡场

1973年，在第四次中东战争中，埃及军队利用苏制带式舟桥装备，以迅雷不及掩耳之势，在苏伊士运河上架起12座浮桥并开设了62个门桥渡场，战争打响后24小时，就保障了5个师的主力部队和数百辆坦克、大量火炮、导弹顺利跨过运河，突破了以色列鼓吹的“不可突破”的巴列夫防线，从而赢得了战争初期的胜利。这一惊世之举，引起了美国、西德、波兰、法国等国军界的极大重视，随后竞相研制出不同类型的带式舟桥装备。我军也于1974年开始研制出多种具有中国特色的带式舟桥，使我军的舟桥装备实现了第三代更新，跨入了现代舟桥装备的先进行列。

带式舟桥为什么会有那么大的优越性呢？现在让我们来揭开它的演变历史。

长期以来，各种舟桥器材的浮舟、桥桁、桥板都是散装的。架桥时，要靠人力在江河上装配，因而难以实现架桥过程的机械化。

在现代系统工程理论的指导下，科研人员打破了传统的把浮舟与上部结构分开来研究设计的思路和做法，把它们作为一个不可分割的整体、一个互相关系的系统来考虑，于是研制出了浮舟、桥桁、桥板三位一体的带式舟桥器材。

坦克通行在带式舟桥上如履平地

带式舟桥器材的桥桁，直接制造在舟体内，既是舟的骨架，又是承重的桁架。密封的舟体不仅能提供足够的浮力，而且用钢板焊制而成的甲板，又是通过载重的桥板。还可在舟体内填充一种轻质泡沫塑料，这样即使舟体被炮、炸弹炸穿，也不会灌水沉没。由于舟、桁、板合为一体，部件的种类和数量都大大减少。一套能架成长 312 米、载重 50 吨的双行道浮桥，仅由 44 个河中舟、4 个岸边舟和路面器材、过渡构件及辅助器材等组成。每个舟就是一段完整的浮桥段，其整体性和刚性都很好；各舟之间以活节相连，具有良好的弹性和韧性。这样架成的浮桥，刚中蓄柔，刚柔相补；风吹不翻，浪打不沉；坦克开上去，稳如步履地毯，不颠不晃，驰骋畅通。

利用带式舟桥装备，使架桥作业大为简化，平时 4 舟相连，折叠起来装在运输车上；一旦需要，开到河边，自动倾斜泛水，4 节浮舟自行展开，成为一个能搭载 20 吨载重的浮桥段（门桥）。将各段依次相连，就成为一座浮桥，宛如铺展在水面上的毯带，因而被称为“带式舟桥”。架

桥时，只要根据江河的宽度，把相应数量的河中舟和岸边舟相连即成。从舟泛水起计算，架设一座长 312 米、载重 50 吨的双行道浮桥，只要 148 名作业手，45 分钟时间；与使用 62 式舟桥器材相比，可以减少兵力 2/3、运输车辆 1/2，提高作业速度 2.5 倍，而浮桥的通行能力却能增大约 1 倍。从而使舟桥部队的快速反应能力和保障合成军队机动的能力显著提高，这便是埃军能高速在苏伊士运河上开设 62 个渡场的奥秘。

为什么唐山大地震后党中央派去舟桥兵

1976 年 7 月 28 日凌晨 3 时 42 分，在河北省唐山—丰南一带发生了震撼东方大地的 7.8 级强烈地震。霎时，房倒屋塌，京山铁路线上的蓟运河大桥遭到严重破坏，切断了南北交通的一条要道。百万受灾人民群众，急等着救灾大军的到来；数以万计的垂危伤病员急等着运往北京、天津等地进行抢救……全国人民都在关注着这条交通要道的沟通。

在这紧急时刻，铁道兵某舟桥部队接受了党中央下达的抢架蓟运河铁路大桥的命令。

为什么在这十万火急的时刻要派去铁道兵舟桥部队呢？原来，这个在战火中生长的部队，具有不怕天崩地裂、艰难险阻、抢架铁道桥梁的高超本领，在解放战争和抗美援朝战争中，都曾建立了不朽的功勋。1951 年 9 月到 1952 年 6 月期间，美军集中了 80％以上的侵朝空军，使用了除核弹以外当时最具破坏力的子母弹、燃烧弹、定时弹等，对朝鲜北部连接前方的 4 条铁路干线进行猛烈的“绞杀战”，12 万余枚重磅炸弹暴雨似地投向东清川江大桥、西清川江大桥、东大同江大桥和铁路沿线。面对肆虐的侵略军，我志愿军中的铁道兵舟桥部队，同朝鲜人民一起，头顶炸弹，脚踏弹坑；上战敌机，下战洪水。桥一次次被炸，又一次次被修通。如果把一座桥梁被炸毁后又修好作为 1 座次，在整个“绞杀战”期间，等于抢修了被破坏的桥梁 832 座次，使整个铁路被赞誉为

“打不烂、炸不断的钢铁运输线”。连敌人都不得不说：“坦率地讲，他们是世界上最坚决的建造铁路的人。”

在社会主义建设时期，铁道兵的技术装备，特别是架设铁路舟桥的装备有了长足发展，在加速铁路建设和抢险救灾中，都屡显神功。

当蓟运河铁路桥遭破坏、南北交通断绝后，曾设想了几种抢修恢复通车的方案，最后还是确定架设一座铁路浮桥。架桥部队接到命令后，装载着1400余吨的制式铁路舟桥器材，迅速赶赴现场，展开了泛水、组装作业，经过5昼夜的奋战很快架起了一座长224.62米的铁路浮桥，接通了被切断的南北交通大动脉，一列列满载抗震救灾人员、物资的列车开进灾区，一列列装载伤员的列车风驰电掣般驶往将给垂危伤员第二次生命的城市。当时，余震仍接连不断，但是任凭地动山摇，这座铁路浮桥始终安然无恙，直到新的铁路大桥建成时这座浮桥保证了530余列火车畅通无阻，为支援抗震救灾立下了丰功伟绩，这也是中国铁路的百余年历史上，第一次正式使用浮桥通过铁路列车的先例。

实践证明，铁路舟桥具有结构简单、机动灵活、架得快、通得快的优点，特别是便于拆装，能随机应变，不仅可用于架设浮桥，还可以作为轮渡和结构水上作业平台等使用，是战场上抢修铁路桥梁和应付各种突发事件的重要装备。

为什么有了浮桥还需要门桥渡河

门桥是用两个或两个以上的舟（或其他浮体）加上桥桁、桥板、栏杆等上部结构组成的浮游结构物，古代称其为“舫”。

显然，利用门桥载运人员、装备物资渡河，要比单舟能力大，而比横跨江河的浮桥通行能力小。可是，在现代渡河作战中，门桥却有不可取代的重要作用，尤其是在战争初期，在敌火力的威胁之下，门桥将成为宽大江河上渡送军队的重要手段。这是因为：第一，门桥渡河机动隐蔽，生存力强。浮桥是固定目标，尽管可以采取一些巧妙的伪装措施，降低其显著性，但是面对现代高技术的侦察手段和高精度、远射程、巨大破坏力的武器，特别是强大空中突击力的敌人，很易遭受破坏，使浮桥通行中断。与此相比，门桥渡河则具有目标不固定，小而灵活，机动性好，便于实施多点、分散渡河等优点，其生存力要比浮桥强。第二，门桥渡河所需兵力、器材较少。浮桥横跨江河，需要的兵力、器材都较多，而且一旦遭到破坏又无器材加以抢修，就会使交通中断。所以，克服大江河和特大江河障碍通常以门桥渡河为主，即使在器材充足并掌握了制空权的条件下，也应广泛采用门桥渡送部队。第三，门桥渡河可以参加强渡江河作战。在与敌人隔河对峙的火力封锁条件下，强行渡过敌防守的江河，不便采用浮桥输送强渡部队，在这种情况下，利用门桥目标小、机动灵活的特点，可以加强给先遣支队，快速渡送坦克、火炮等

重兵器到敌岸，以增强突击力量，占领和巩固登陆场，发展纵深战斗。在第四次中东战争中，埃军就曾成功地利用门桥渡送了250辆坦克跨过苏伊士运河，伴随先遣营的强渡作战，为突破巴列夫防线、夺取登陆场发挥了重要作用。第四，门桥渡河是保障广阔战场上机动的重要手段。诚然，现代陆军的越野能力日益提高，但大部队机动总难离开道路。过去，1个师的行军有1～2条道路即可，而在现代条件下，要求有3～4条道路，因而渡口的数量也随之成倍增加。据西方专家考察，在中欧地区，平均每前进25千米，就会遇到一条10～20米宽的沟谷；每前进100千米，就会遇到一条50～100米宽的河川；每前进150千米，就会遇到一条100米以上宽度的江河障碍。在战场机动中，要在这样多的江

门桥乘风破浪漕渡坦克过大江

河障碍上处处都架设浮桥，显然是不可能的，而利用门桥则既节省人力、器材，又快速地克服江河障碍手段。同时，门桥也是当后方原有桥梁被破坏时，保证应急渡河的好方法。

在大力发展门桥渡河中，许多国家研制出大量新型门桥渡河器材。有的门桥自带动力，在水上能像船一样航行，在陆上能像汽车一样行驶；有的自带跳板，不需构筑码头，开到对岸放下跳板，搭载的车辆便可登陆；有的将几个门桥相连，便成为大承载力的多舟门桥或浮桥。由英国和德国共同研制的一种作为 20 世纪 90 年代的新型 M3 自行舟桥，桥车在陆上行驶速度可达 80 千米/时；泛水后翻转侧方的浮舟，两辆桥车便可连接成一个载重 60 吨级的门桥；由于上面装有带计算机的单手柄控制系统和泵式喷水推进器，其操纵简便，水上机动灵活，渡送能力大为提高。

为什么徒涉渡河中要严格按兵种、兵器划分渡口的位置

当河水深度、流速和河底土质等条件允许时，人员、车辆、技术兵和马匹等，可采取直接涉水通过江河的徒涉渡河方法。徒涉场一般分为步兵徒涉场、骑兵徒涉场、轮式车辆徒涉场、履带式车辆徒涉场。当一个徒涉场中要同时通过多种不同类型的部队或兵器时，就要分别设置多个不同类型的渡口，而且要按步兵渡口、骑兵渡口、轮式车辆渡口、履带式车辆渡口的顺序，自上游向下游间隔一定的距离进行排列。

这是因为不同兵种、兵器的徒涉渡河能力和对河底的破坏有很大不同。例如，人员徒涉受流速和水深的影响较大，当流速为 1 米/秒以下时，徒涉水深可达 1 米；当流速为 1～2 米/秒时，徒涉水深为 0.8 米；当流速为 2～3 米/秒时，徒涉水深至多 0.6 米；流速大于 3 米/秒时，人员在水中就难以站稳，一般不宜徒涉渡河。车辆徒涉渡河的能力主要受其发动机电气部分、排气管的高度限制，一般车辆的载重吨位越大，车体越高，发动机的电气部分及排气管离地面也越高，涉水深度便可大些。例如，通常当流速为 2～3 米/秒时，载重 1.5～2.5 吨的汽车涉水深度为 0.4 米；载重 5 吨的汽车涉水深度为 0.7 米；中型坦克和自行火炮的涉水深度可达 1.2 米。流速越小涉水深度越大。可见，人员、马匹和不同的车辆徒涉渡河所适应的水深、流速变化是不同的。

另外，人员、马匹徒涉时，对河底的压力不大，对河底土质的破坏也较小，不会改变河水的流速、流线，对于下游渡口的影响很小；而车辆，尤其是履带式车辆徒涉时对河底土质破坏就较大，一般经履带式车辆反复徒涉后的渡口，轮式车辆就难以再通行了。同时，车辆、重技术兵器成密集队形徒涉时，会产生涌浪，使下游流速加大，流线改变。履带式车辆徒涉时造成的这些现象更为严重。因此，在一个徒涉渡场同时开设不同的数个渡口时，应从上游至下游，依次设置人员、马匹、轮式车辆、履带式车辆渡口，以免上游的渡河行动给下游的渡河造成困难。而且，为避免各渡口之间互相干扰，又便于统一组织指挥、协调行动，各渡口之间要保持一定的距离。确定渡口间距时，应根据江河状况、两岸地形和渡河任务等条件综合考虑，通常为100～250米。渡口间距小于100米，就会互相影响，同时易遭敌人集中杀伤破坏；间距大于250米，不便统一组织指挥，同时会造成兵力分散，给协同作战造成困难。

如果因条件限制，不允许同时构筑多个渡口，而要几个兵种、兵器共用一个渡口时，通常应按人员、马匹、轮式车辆、履带式车辆的顺序，依次通过。

为什么渡场要避开水工建筑物

渡场是为保障军队渡过江河而开设的场地。水工建筑物是建筑在江河上的水闸、水坝、堰堤、水电站等工程。水工建筑物，会将水流拦截形成蓄水库，从而改变江河的水位及淹没区域的范围，会对部队的作战行动产生很大影响。在作战中，敌对双方都可能采取破坏水工建筑物的手段，造成泛滥区，以达到阻滞对方行动的目的，尤其是在决战阶段，孤注一掷，破坏水工建筑物，陷对方于汪洋之中的战例屡见不鲜。在第二次世界大战中，苏、德军队都曾不止一次地采用过这种手段。1941年12月，在苏军与德军进行莫斯科会战的紧急关头，苏军开闸放水，使位于水库下游的德军遭受巨大损失。1943年5月，德军空袭了埃得尔河上的堤坝，造成河堤决口，冲毁了桥梁，淹毁了沿岸大片地区，给苏军运输带来严重困难。由此可见，渡场上游的水工建筑物，仿佛是一颗定时炸弹，时时都在威胁着下游渡河部队的安全。在现代立体作战中，远射程、高命中精度武器的广泛运用，使水工建筑物遭受破坏的可能性更大。这就要求在选择渡场时，必须避开可能引起水位急剧变化的水闸、堤坝、水电站等水工建筑物。

在作战中，有时部队为服从战役、战斗全局的要求，渡河地段不可能完全避开水工建筑物，这时应采取以下措施，以尽量降低其对作战行动的影响。第一，要指派部队，特别是防空部队要加强对水工建筑物的

警戒、掩护，防止敌人从空中和地面偷袭破坏水工建筑物；并应派出专门的观察、巡逻分队，昼夜不停地对水工建筑物进行严密监视，一旦发现敌空袭或洪水溢坝等情况，应立即通知合成军指挥员和渡场负责人，以便采取应急措施。第二，渡场的位置应尽量离水工建筑物远些。水库的位置一般地势较高，一旦堤坝遭到破坏，就会迅速在库区下游造成洪水泛滥。以河南某容量为7亿立方米的水库为例，库坝崩溃后，最大流量可达每秒1279000余立方米；在距水库9千米的下游范围内，洪水可达每秒3米以上的超急流速，溃坝后水头在1小时之内即可冲到10千米以外。由此可见，渡场离水工建筑物远些，在紧急情况下，就可以多争取一些时间转移到安全地点。第三，要预先做好转移计划，选择好安全转移区、转移路线和转移方法等，并要建立打捞救护分队，配备必要的救生舟艇、装具等器材，对突发情况做到预有防备，沉着应战。

为什么坚冰下面有陷阱

数九严冬，北国冰封。滔滔江河、茫茫湖泊，覆盖上了晶莹的冰层，万马奔腾的队伍在上面如履平地——天堑变通途。

可是，为何屡屡发生人、车掉入冰窟的不幸事件呢？原来坚冰之下有陷阱。

江河、湖泊在结冰时，都是先从岸边水浅处开始，逐渐向中央延伸，直至最后冰封了整个水面。但是，较深的水域，即使在严寒的深冬，也不会冰冻到水底，冰层下面总是保留着深深的水层。这是由于水有一种不同寻常的物理特性造成的。

物质一般都是热胀冷缩，温度越低密度越大。而水则不同，它是在4℃时密度最大；高于或低于这个温度，体积都会膨胀。

当寒冬降临大地时，开始由于江河、湖泊的水温高于气温，表面水便将热量散发到空气中，使水温下降，密度增大，因而上层水下沉到底层。这时下层较温暖的密度较小（较轻）的水便上升到表面。如此不断地对流，直至全部水温降到4℃时，便平静下来。即使气温再下降，表面水温再降低，下层4℃的水由于密度最大，而不会上升。结果表面水温，随气温逐渐下降，密度则越来越小，当水温下降到0℃以后，便开始结冰；如果气温持续在0℃以下，冰层便逐渐加厚。但是，由于水在冻结成冰时体积要增大约10%，密度由1降为0.91，所以不会沉入水

底；冰层下面仍然保留着0～4℃的水。这里的水由于被冰层掩盖着，与严寒空气隔绝，而冰的导热性能又极低，热量难以散发，水就更难冻结。所以，一般江河结冰只是上面的一层，下面却暗藏着陷阱。当然，在长期酷寒地区的浅水江河、湖泊，还是有可能冻结到底的。

能否保证在冰上通行和活动的安全，要看冰层的厚度。冰层通常由3层组成，表面是疏松的雪冰层，第二层是色如毛玻璃的浑白层，第三层是形如水晶的透明层。冰层的承载能力主要取决于透明层。雪冰层无承载力；浑白层的承载力仅为同等厚度透明层的50%。因此，计算冰层厚度时，应将浑白层按50%折算成透明层。据理论和实践的验证，保证不同载重通过所需的冰层（透明层）厚度为：步兵，一路纵队（间距5米以上）为4厘米，二路纵队为6厘米；骑兵，一路纵队（间距10米以上）为9厘米，二路纵队为15厘米；汽车，4吨（车距15米以上）为22厘米，6吨（车距20米以上）为27厘米；坦克、自行火炮和履带式装甲输送车、拖拉机，10吨（车距20米以上）为28厘米，20吨（车距30米以上）为40厘米，30吨（车距35米以上）为49厘米，40吨（车距40米以上）为57厘米，50吨（车距40米以上）为64厘米。以上均指连续3昼夜的平均气温在-10℃以下时淡水冰层

分层	结构	特征	抗力系数
h_1		雪冰层	0
h_2		浑白色冰层	0.5
h_3		透明的冰层	1
水		水	

冰层的结构组成

厚度。如果气温在-10～0℃时，所需冰层厚度应增加25％。如果原有冰层厚度满足不了要求，而又必须在上面通行时，可采取浇水冻结加厚冰层，或敷设木板车辙道（路面）等方法予以加强，能提高其承载能力。

可见，通过厚度达不到要求的冰层就会掉入陷阱里。尤其是在冬转春的季节，气温日暖，地热上升，冰层变化迅速，更应随时谨慎探察，必须留有足够的富裕量，才能确保通行安全。

为什么冲击桥梁要跟随坦克部队冲锋

黑压压的集群坦克向前冲击着，突然被一道沟壑截断了前进的道路。这时，几辆形状奇特的装甲车，不畏险阻地开到沟壑边上，铿锵有力地伸出长长的钢臂，眨眼工夫便架起了座座平展展的桥梁，受阻的集群坦克跨桥而过，如履平地，重又奔驰起来。这种伴随部队冲锋陷阵的桥梁，不仅受到装甲部队的青睐，而且广泛运用于保障诸兵种克服狭谷、沟壕等障碍，成为高度机械化部队的重要“成员”。因为，这种桥梁主要用于伴随部队突击，所以被称为“冲击桥”，也有的国家称为“强击桥”。

坦克由于受履带接地长度的限制，一般跨越沟壑障碍的宽度都不超过3米。像美军较先进的M60A2重型坦克，越壕宽度也仅有2.6米。可是，在攻防激烈对抗的现代战场上，宽度大于3米的沟壑纵横交织，甚至在预有准备的条件下，采用快速爆破法，几秒钟时间就可以在敌前突然开设出一条防坦克壕。而坦克一旦受阻，就会陷入对方火炮、导弹、武装直升机等所构成的火网之中。因此，在装甲部队中，大都装备有一定数量的架桥坦克。这种专门用于克服沟壕障碍的架桥坦克，去掉了炮塔等战斗部分，在底盘车上驮载着可以伸缩折叠的钢质桥节，能够靠自身动力迅速架设起保障坦克通过的桥梁。坦克通过障碍之后，又可以快速将桥节撤收拖上底盘车，跟上部队继续前进，随机再行架桥，保

伴随坦克攻击的冲击桥

障装甲部队连续地向敌纵深突击。由于这种桥梁具有很强的快速反应能力，各国军队都在竞相装备。到 20 世纪 80 年代末期，美军装备的各种冲击桥已达 1100 辆之多。

冲击桥的长度一般为 20～30 米，载重 30～60 吨，架设时间 2～10 分钟，撤收时间 5～15 分钟；架设和撤收由 2～3 名乘员在驾驶室内操纵。近期出现的新式冲击桥，在强度、跨越沟壕的宽度等性能方面，都有很大提高。像美军为适应装备重型师的需要，于 20 世纪 90 年代初开始生产的 HAB 重型冲击桥，是在 M_1 坦克底盘车上加装了铝钢合金材料的桥节，使桥梁自重减轻了近 1 吨，而载重量达 70 吨级，桥长达 32 米、宽 4 米。该桥采用了双折剪刀式结构，以液压操纵，5 分钟即可架设好，撤收也只需要 10 分钟时间。预定到 1994 年，美军每个重型师的工兵营将装备 24 辆这种冲击桥。

为适应海军陆战队的需要，美国还与以色列合作研制出一种 TLB 拖车架设的冲击桥（在以色列出售时定名为 TLB-24 拖车架设冲击桥）。该桥用高强度铝合金制造，其架设机构为铝钢合金；全桥分为 3 节，安装在 4 轮拖车上，全重 14 吨，可架设成载重 70 吨级、跨度 24 米的桥梁。拖车上装有两个柴油发动机，分别为液压系统和电力系统提供动

力。架设时，可用带有 15 米长的电缆操纵盒遥控，5 分钟即可架设完毕，撤收时间为 10 分钟。

构成英军 20 世纪 90 年代桥梁族的一种载重 60 吨级的“奇伏坦”冲击桥，每个桥车有两种桥节：一种结构为剪刀车辙式，长 24 米；另一种结构为单节跳板式，长 13 米。都由 3 名作业手操纵架设，3～5 分钟即可完成。不久前，他们又在这种冲击桥车前加装了扫雷犁，使其克服战场障碍的性能更加提高。法军还在研制一种可以空运的 TCP 短跨冲击桥，长 14 米，载重 65～70 吨级，3 分钟即可架设好。

当前，较受关注的“海狸”式冲击桥，是由前联邦德国研制的，采用“豹”式坦克做底盘车，以高强度铝合金制作桥节，全长 22 米，载重 60 吨级，只要 2～3 分钟就可以架设起来。1990 年，日本首次公开了与德国“海狸”式冲击桥相似结构和架设方法的新型冲击桥试验。他们还在这种冲击桥车前加装了障碍宽度测量仪器，车后装有 6 个烟幕发射器，使其战术、技术性能达到一个新的水平。

为什么要发展机械化桥

机械化桥是以专用基础车运载，以车上的机械装置架设和撤收的多跨式固定桥梁。在作战中，当用冲击桥保障了冲击部队通过沟壕障碍之后，就要及时撤收，向前转移，跟上冲击部队适时再行架桥，这时就需要由机械化桥或舟桥来替换冲击桥。另外，部队在敌方直瞄火炮之外机动时，也经常需要机械化桥来保障克服中小河川障碍。

与冲击桥相比，机械化桥的防护力、机动力和架桥速度都较低，但其造价要便宜得多；因其大都有中间桥脚，所以架设的桥梁较长，可以克服较宽的障碍。一套机械化桥，一般由多辆轮式或履带式桥车组成。每辆桥车上装载一跨金属桥节和桥脚。其桥节部分有折叠式和整体式；桥脚多为四脚架柱式和框架式，高度可根据障碍的深度在允许的范围内调整。也有的机械化桥是将桥车直接开到干沟里停稳，作为中间桥脚，再展开桥节，支承荷载通过。架设时，依靠桥车的动力，利用液压与液力传动装置和钢索、滑轮，一辆桥车一辆桥车地依次架设，便可连接成一座桥梁。

装备机械化桥较早的是苏联军队。目前，北约各国军队装备的机械化桥还大都类似于苏军的TMM机械化桥。这种机械化桥是将4跨桥节和3副中间架柱桥脚分别装载于4辆越野汽车上，以绞盘系统操纵架设，可克服40米宽度的障碍，载重量为60～80吨级。这种机械化桥

还可以架设在水面以下，以增强桥梁的隐蔽性。

1991年，德国研制成功一种称为“鬣晰”的新型机械化桥。其桥体全部用冷淬铝、锌、镁合金制造，分为4跨：两节岸边桥跨，各长13米；两节中间桥跨，各长8米。可以架设成长13～42米、载重70吨级的桥梁。利用电子控制的程序进行架设，在无任何准备的条件下，只要8分钟时间，就能架起一座长26米、载重70吨级的桥梁；4名作业手架设长42米的桥梁也仅需要20分钟时间。据称，这种桥梁在前联邦德国可以克服85%的天然障碍。他们还于1991年批量生产了一种FFB型折叠式高效机械化桥，全套器材包括54米桥体构件和两辆架桥车、5辆运输车；可架设成两座载重60吨级、长26.83米的桥梁，还可根据需要架设成一座长40.55米和一座长13.12米的桥梁，或架设成长33.69米和长19.98米的桥梁各一座。架设的最大跨度为40米。架桥时，利用架桥车上的起重、支撑和传送装置，先结构和推送悬臂梁，尔后在悬臂梁上结构桥节并传送设置到障碍上，便成为一座桥梁。

我军的工程技术人员，根据我国的江河特点和技术条件，也于20世纪80年代研制出一种新型重型机械化桥。该桥的全套器材

我军研制的重型机械化桥

主要由桥跨、桥脚、桥车、电气系统、液压系统和附属设备等部分组成，装载于5辆载重汽车上。其桥跨为整体剪刀式，单跨长10.5米；桥脚为双柱液压式，既可单跨架设，又可多跨连接架设，能克服宽50米、水深3.1米、流速2米/秒的中小河川、沟谷障碍，保障50吨级的各种坦克、火炮、导弹等辎重通过。架设时，先将载有桥跨和桥节的桥车开到河川（障碍）边缘，操纵液压系统和绞盘装置把桥跨撑起，缓缓地展开，靠岸边一端落在河岸上；与此同时，桥脚自动打开垂直立于河底，支撑住桥跨的另一端，便架好了第一节桥跨。随后，第二辆桥车倒退开到已架好的第一节桥跨上，同法架起第二节桥跨。依此连续作业，只需要45～60分钟即可架设成一座长52.5米的桥梁。当需要撤收转移时，只要按架设的相反顺序便可迅速将已架好的桥梁撤收装上桥车，开向新的架桥点。全部作业实现了机械化。

为什么要采用可拆卸的装配式桥梁

装配式桥也称“拆装式桥”，是一种由人工或机械架设的预制金属构件桥梁，可以反复拆卸、装配使用。这种桥梁一般载重量和架桥长度较大，架设和使用的时间也较长，在作战中，主要用于抢修被破坏的公路桥和替换机械化桥，以保障后续部队和后勤运输线的畅通。

英国是研制和使用装配式金属桥最早的国家。早在20世纪30年代末期，他们制造的贝雷式钢桥一下将战场架桥速度提高了数10倍，曾在第二次世界大战中风靡一时；战后经过改进，许多国家仍用它来克服较大的河川障碍，保障部队的战场机动，平时还常用来抢修被毁的桥梁。其最大载重量达80吨级。

但是，由于老式的装配桥比较笨重，架设速度慢，与冲击桥和机械化桥的发展相比长期处于停滞状态。直到20世纪60年代中期，大量轻质高强材料，特别是复合材料被应用于桥梁构件的制造中，加上工艺水平提高，使装配式桥得以新生。首先是英国于20世纪60年代末期利用铝合金钢研制成功MGB中型桁梁桥（简称“中桁桥”），使桥梁构件重量大为减轻，架桥速度显著提高，先后被30多个国家选购，并被美、德等国军队定为列装制式桥梁器材。

MGB中桁桥的主要优点是：结构简单，构件通用性强，装配、架设、撤收和维护都很容易、快速；既可利用机械架设，又可全部靠人力

装配式桥梁

架设；既可用于架设固定桥脚桥梁，又可作为架设浮桥的器材。一套器材只要 5 辆拖车就可装运，能架设 16、30、60、70 吨级不同载重的桥梁 9.8～49 米；25 人架设一座载重 60 吨级、长 31.1 米的桥梁，仅需要 45 分钟时间。

在激烈的竞争中，美国于 20 世纪 80 年代末投以巨资支持研制出一种用于取代英国中桁桥的装配式桥梁。这种桥梁的构件采用的是由石墨纤维、碳和环氧树脂组成的新型轻质高强复合材料；桥体分 3 节，每节都可以纵横折叠；可用一辆载重汽车运输和架设。一套器材可架设载重 70 吨级桥梁 55 米。与 MGB 中桁桥相比，构件重量减轻 40%，而架桥长度还增加了近 20%；运输车由 14 辆减少到 3 辆；作业人员由 33 人减少到 6 人，架桥时间还缩短了 2/3。

因为装配式桥结构简单，造价低廉，运用方便，格外受到发展中国家的重视，许多国家都在自行研制这种桥梁，作为重要的道路保障装备。以色列研制的一种 RDB 快速装配桥，桥体由 22 对铝合金组合件组成，可架设成载重达 70 吨级、长 14.4～62.7 米的 11 种不同长度的桥梁，架设作业大部分实现了机械化。架设一座载重 70 吨级、长 60 米的

桥梁，仅需要 48 分钟时间，性能明显优于英国的 MGB 中桁桥。据专家们预测，今后装配式桥里，还会有较大的发展，作战运用也将更加广泛。

为什么坦克能走钢丝

峰峦叠障，滔滔急流横断南北交通，一座轻柔柔的索道桥，高悬在望不及底的深渊峡谷上，隆隆铁骑——坦克纵队开到桥头，猛然急刹车，驾驶员跳下车来，望着这数百米长而无一桥脚的特种桥梁，不禁紧锁双眉——这不是让我们玩命走钢丝吗？

架桥工程师，拍拍驾驶员的肩头说：“莫担心，把准方向照直开，不颠不晃，如履平地走大道。”驾驶员信任地登车，顺索而过，奔向硝烟弥漫的前线。

原来索道桥的最大特点，就是利用钢索这种柔性材料作为承重构件，桥板直接铺设在钢索上，钢索两端牢牢固定在岸边的锚碇上，这样用不着造中间桥脚，就可以跨越数10米至数百米的峡谷、深涧，保证各种车辆通过。对这种桥完全不必担心它的承载能力。像一座载重20吨级的索道桥，就有20根直径31毫米的主钢索。每一根钢索的抗拉力近3.92兆牛顿（40吨力），按2.5的安全系数折算，每根钢索的容许抗拉力约1.47兆牛顿（15吨力），20根钢索的总抗拉力高达29.42兆牛顿（300吨力）；即使扣除了钢索、桥板等自身重量以及各种外力的损耗，剩余的承载能力保证20吨的坦克通行，这是绰绰有余的。

另外，也不必担心索道桥的稳定性。索道桥靠科学的结构，将全桥的承重部分、连接调整构件、桥面和锚碇等部分，连结成为一个稳固的

整体，使索道桥的纵向和横向稳定性都有可靠的保证。为增强其稳定性，设计师们通过系统力学分析，作了科学地设计，在主钢索上每隔 8～15 米，安装有一根横梁，使几十根自由摆动的钢索，规规矩矩地并列起来；同时，在桥面车行道的两侧各平行地安设有 2～3 根稳定索，使索道桥的横向稳定性进一步提高。另外，为预防大风吹翻桥面，还从桥身向两岸构成“八”字形张拉数根防风索。这样索道桥就不会摇晃、颠覆了。1972 年，兰州军区工程兵在黄河上架设的一座通行汽车的索道桥，20 余年来，经过了多次狂风暴雨的考验，至今仍泰然畅通。

索道桥跨度大，受地形、地质、水文等条件的限制较小，即使狭谷再深、岸再陡、水再急，也不影响架桥；另外，其自重轻，架桥设备简单、造价低；尤其是便于伪装，在敌机轰炸频繁的情况下，桥面部分可以敌炸我撤，留下架空钢索，敌人很难破坏。因此，这种桥梁具有很高的军用价值。

索道桥首创于我国。据史料记载，我国最晚在唐朝中期就曾建成了

跨谷越江的索道桥

永久性的铁索桥，这要比西方早数百年。毛主席在长征途中走过泸定铁索桥时，曾回首深情地问身边的战士：二三百年以前架桥时，是怎么把那么重、碗口粗的铁链拉过大渡河的？这便是我国劳动人民的聪明才智。

为适应现代战争的需要，我军工程兵自从1969年以来，进行了架设军用索道桥的创造性研究试验，不仅使索道桥的承载力从12吨提高到40吨，桥梁跨度从100米加大到400余米，而且架桥方法、机具都日臻配套完善，逐步实现了机械化、规范化，使架桥作业更加快速、省力，运载更加安全可靠，并日益扩大了民用范围。

为什么能通过40吨级坦克的桥梁仅能保证12吨级的汽车通行

军用桥梁标明的承载吨位，都是以保证坦克、装甲车等履带式车辆（均布荷载）安全通行为标准的；如果是汽车、火炮等轮式车辆（集中荷载）通行，则要进行荷载换算，才能确定通行能力。例如，可通行重量为40吨坦克的桥梁，就仅能保证12吨的汽车通行。

这里的秘密其实并不深奥，走泥泞地时，脚会陷进泥里，但若垫块面积较大的木板，就会脚不陷泥地走过去。这是因为不垫木板时，人走在泥地上，体重仅落在脚掌那么大的地面上，单位面积上受到的压力较大，脚便陷进泥里；当脚下垫上木板以后，体重便平均分布在木板的面积上，地面单位面积上受到的压力大为减小，所以脚便不会陷进泥里。这说明，支承力的大小，不仅与压力的大小有关，还与承受力的面积大小有关。在力学上，把单位面积所受的压力称为“压强”。压强与压力成正比，与受力面积成反比。因此，能保证40吨重量的履带式载重通行，并不能保证同样重量的轮式载重通行。

另外，对桥梁的桥脚和桥桁等如图46履带式车辆与轮式车辆对桥梁的作用状况安全通载影响最大的，主要是荷载的最大重量。荷载超过最大允许重量时，就会引起桥脚、桥桁的破坏。而对桥板部分的安全影响最大的则是荷载在桥面单位面积上产生的局部压强；局部压强超过了

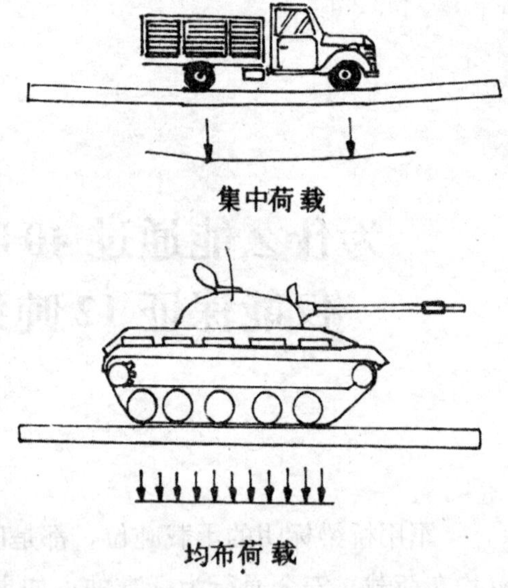

履带式车辆与轮式车辆对桥梁的作用状况

最大允许范围，就会引起桥板及连接件等的破坏。由于履带式车辆总重量较大，对桥脚和桥桁等的影响大；而履带接地面积较大，局部压强并不大，一般仅有53.93～78.45（0.55～0.8千克力/厘米^2），对桥板及连接件等的影响不大。所以，桥梁对履带式荷载的通行限制主要是总重量（吨位）。与此相反，轮式车辆的总重量较小，对桥脚和桥桁等的影响不大；而车轮接地面积小，对桥板等产生的局部压强却很大。例如，轴压力为7吨的载重汽车，1个轮子的接地面积约20×30厘米^2，对桥面产生的局部压强达571.73千帕（5.83千克力/厘米^2）。因此，桥梁对轮式荷载的通行限制，主要是“最大轴压力”。

车辆的总重量及“最大轴压力”，一般可在产品说明书上或机械车辆手册上查到。为了保证桥梁的安全，任何通过桥梁的荷载，都不允许超过限制标准。

为什么永久性道路的路面要有磨损层、保护层、承重层和基层、垫层

路面是直接承受车辆荷载、保证行驶的部分，其强度和稳定性直接影响着行车速度、安全和道路的使用寿命。路面的强度和稳定性，不仅取决于路基和铺路面的材料，而且与路面的结构层次是否科学合理密切相关。通常根据道路的使用要求、受力情况和水文、气候等自然因素的作用程度，把整个路面分成面层和底层来铺筑。

面层直接与车轮和其他各种通行物及大气、雨雪水等接触，应具有足够的强度和耐磨、不透水性能。为此，面层通常由保护层、磨耗层和承重层构成。保护层位于路面的最上面，具有使路面平整、光滑、

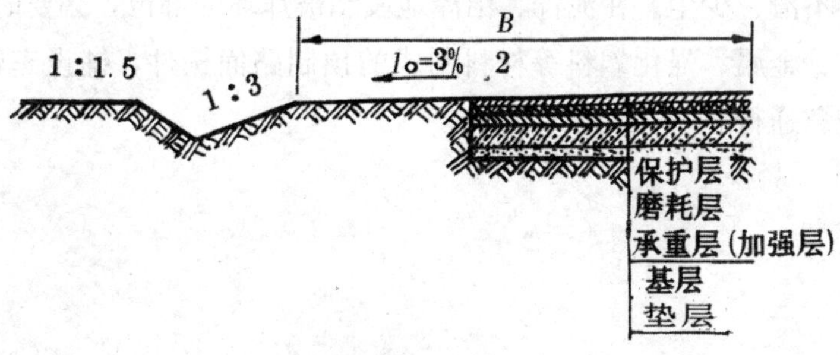

碎石路面的结构

提高通行能力的作用。碎石路面的保护层，多用1厘米厚的干燥砂土铺成。磨耗层，位于保护层之下，具有延长路面使用期限，改善行车条件的作用。碎石路面的磨耗层，采用2～3厘米厚的小砾石、石屑等铺筑；有的沥青路面上也铺2～3厘米厚的沥青石屑，有防滑作用。承重层，位于磨耗层之下，具有承受荷载压力和将压力传递到底层的作用。一般采用抗压强度较大的石块、砾石、炉渣等材料铺筑。底层通常包括基层和垫层，位于承重层之下，主要承受面层传来的车辆荷载，并传递、分散到路基上。因其要经受地下水和地表水的作用，多采用松轻颗粒材料或整体性较好的材料，如砂、砾石、石灰土、炉渣等铺筑。在具体构筑中，有的一个结构层次能起2～3个层次的作用，还可以几层合一。例如，构筑在土路基上厚度为25厘米的碎石路面，就同时具有保护层、磨耗层和承重层、基层、垫层的多种作用；在石灰土基层上构筑沥青路面时，石灰土基层便同时具有承重层、基层、垫层的作用。因此，在实际运用中还应根据具体情况确定路面的结构。

由此可见，构成路面的各层次分别承受着行车和各种自然因素的作用，将产生内应力和变形。当内应力在允许范围内时，卸去荷载后，路面的变形将自动恢复，则路面维持结构的完整性；当内应力超过允许范围时，路面便会产生不可恢复的变形，出现坑洼车辙、“搓板”状波浪等破坏，影响通行。因此，要经常对道路进行维护，保持路面的坚固、平整、不滑、少尘。在泥泞、沼泽地段和被炸坏的部位，必要时可利用木、竹、金属、强化塑料等材料制成的预制路面构件，铺设车辙路面，保障应急通行。

为什么战时构筑军用道路要坚持“先粗通，后加强”，逐步达标的原则

军用道路是由路基、路面和道路设备等部分组成的。路基是道路的基本组成部分，它承受着行车的荷载，应具有足够的强度和稳定性；路面是铺筑在路基上的结构层，它承受和传递行车的荷载，要求坚固、平整、不滑、少尘；道路设备是为保证路基排水、稳定和指引车

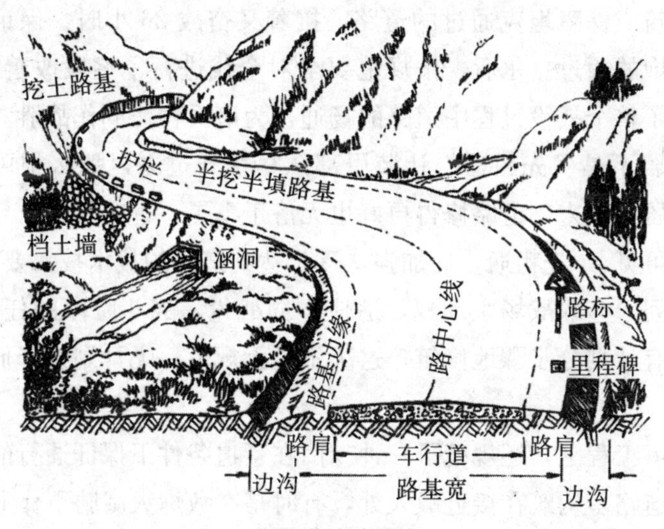

军用道路的组成

辆安全行驶而构筑和设置的排水、防护设备和道路标志等。《军用道路规范》对道路的各种成分都规定有明确而严格的战术技术标准。例如，路基的最小宽度，在平原微丘地单行道不得小于6米，双行道不得小于8.5米，最大纵坡度不得大于8%，路转弯部的曲半径不得小于30米等，以保证车辆能以不小于每小时30千米的速度安全行驶。

但是，在战场上时间就是生命，敌对双方谁抢先机动到位，谁就夺取了主动权。因而，在硝烟弥漫、激烈对抗的战场上构筑道路，往往难以像平时那样完全按照设计图纸一次达到规范标准。无数实践证明，边勘测、边设计、边施工，是战时构筑道路的一般规律。在能够保证通行的前提下，开始修筑得粗放些、标准低些，例如，双行道可以先修成单行道，有的路面可暂不铺筑，纵坡度稍大些和简化道路设备等，以尽量减少作业量，加快作业速度，保障部队作战行动的急需，这是从战役、战斗全局出发，保障合同作战的积极措施。某部在边境自卫还击作战中，上级指示他们要在突破敌防御前沿后，尽快在山岳、丛林中开辟出一条5千米长的道路。他们按照“先粗通”的要求，只用了5小时30分钟就修筑成保障坦克通过的道路，接着又奋战26小时，保证了各种车辆、火炮的通过。尔后，按规范要求对全线进行了逐段改善和加强，从而保证了整个战役过程中道路的畅通，为诸兵种协同作战胜利铺平了道路。倘若不是“先粗通”让装甲部队尽快开过去，那么很可能敌人就会抢先压了上来，道路修得再好也无济于事了。

由此可见，“先粗通，后加强，逐步达到道路的战术技术要求”，是为争取时间，夺取战场主动权，适应不同战役、战斗阶段的任务要求，而对道路有计划分步骤地修筑，这决不是无规范、无计划地降低工程标准的。

在军事工程上，还规范了一种专门在紧迫条件下保证通行的急造军路。这种道路多构筑在接近敌人处，有时是在敌炮火威胁下作业，不可能也不需要严格地按技术标准进行勘察设计和施工，只要能采用最简

易、快速的方法将道路构筑或标示出来，在一定时间内保证指定的部队和技术兵器通过即可。为此，专家们还专门研制出一种推、挖、平、压合一的快速敷路机，驾驶这种机械从荒原、丘陵、丛林中开过去，就可以修筑出一条急造军用路来。据报道，美军以数亿美元的巨资购置了一种既能越野、涉水，又可空运，不需更换作业装置就能完成推、铲、平、运、牵引等工程作业的装甲推土机，可使作业效率大幅度提高。另外，必要时可以通过加强、改善措施，将急造军路改造成符合高标准的军用道路，以提高道路的通行能力和使用期限，保障大部队通行。

快速敷路机在荒漠中开过去便出现一条急造军路

为什么炸药会爆炸

爆炸是物质骤然发生物理或化学变化而急剧释放能量的现象。例如，锅炉爆炸是属于物理变化；炸药爆炸是属于化学变化。

炸药是在一定的外界能量作用下，能由其本身的能量发生爆炸的物质。这些物质大都由碳、氢、氮、氧4种元素组成，其分子结构是不稳定的。例如，梯恩梯炸药的结构式为 NO_2 O_2N NO_2 CH_3。其中碳、氢是可燃元素，氧是助燃元素，氮是载氧体。因为氧是亲碳、氢而疏氮的，所以各元素之间的联结并不牢固，只是处于暂时的相对稳定状态。但是，由于氧被氮禁锢着，使其与碳、氢隔离开，氮又惰性较强，所以不会让氧与碳、氢相结合发生爆炸反应。而一旦外界能量破坏了原来分子之间联结的暂时稳定状态，这时本性亲碳、氢而疏氮的氧，便会挣脱氮的束缚，不顾一切地投身到碳、氢的怀抱中，使之发生剧烈的氧化—还原反应，这种还原反应称为“爆炸”。

也有一些炸药的成分中并没有氧元素，像氮化铅也能发生爆炸。这是由于在这类炸药中含有一种特殊的爆炸基因，在一定的外界能量作用下，同样能改变原来的分子结构而发生爆炸反应。

炸药的爆炸具有以下特性：一是爆炸速度极快。常用的炸药爆速为

3000～8700 米/秒，一整块炸药的爆炸一般只需百万分之几秒至百分之几秒即可完成。爆速越快，破坏威力越大。二是产生高温、高热。常用炸药爆炸，每千克能产生 1672～6270 千焦的热量，温度可达 1500～4500℃。三是产生大量气体。常用炸药爆炸，每千克能产生 600～1000 升的气体。这些气体在高温、高湿的作用下，急剧膨胀，可达到炸药体积的万倍以上，因而形成爆压。常用炸药的爆压可达 4.9～29.4 万兆帕（5万～30万千克力/厘米^2），这样强大的爆压对周围介质便产生冲击、压缩、破碎、抛掷等作用，显示出炸药的爆炸威力。

依照炸药的性能及用途不同，可分为起爆药、破坏药和火药 3 类。起爆药对冲击、摩擦和热都很灵敏，容易起爆，常用于填充雷管和火帽，以引爆其他炸药。破坏药破坏威力大，稳定性好，便于使用、运输和保管，常用于装填炮弹、炸弹、地雷和对土壤、岩石、军事目标的爆破。火药又分为有烟火药和无烟火药。有烟火药主要指黑火药，对火焰敏感，但分解速度慢，多用于制作导火索芯药，也可作为一般的发射药；无烟火药又叫发射药，主要用于火箭、炮弹、枪弹等武器做发射药。

为什么有的炸药一碰就炸，而有的炸药枪打、火烧也无动于衷

不同性质的炸药发生爆炸反应所需要的外界能量是不同的，像梯恩梯炸药，不仅摔打、枪弹射击不会爆炸，在有些条件下用火点燃也只会燃烧而不爆炸，可是用于做枪、炮弹底火（火帽）的雷汞炸药，稍一撞击就会起爆。

炸药在外界能量作用下，发生爆炸反应的灵敏程度称为炸药的“感度”。感度越灵敏的炸药，诱发其爆炸所需的能量越小；感度越迟钝的炸药，诱发其爆炸所需的能量越大。不仅炸药的种类与感度有关，而且其物理状态、温度、密度、晶体形状、颗粒大小和附加物等因素对感度影响都很大。一般炸药在液态时比固态时感度高，并随温度升高而提高灵敏度；密度增大感度减小，颗粒越小感度越大；炸药中加入了金属屑、玻璃屑或砂子等硬物时感度提高，加入石蜡、润滑油等软性物质时感度降低。可见各种炸药的感度是随条件的变化而改变的。

由于引起炸药爆炸的外界能量形式不同，炸药的感度可分为热感度、机械感度和爆轰感度。炸药在热能作用下引起爆炸反应的难易程度称为“热感度”。例如，在同样条件下，梯恩梯炸药要475℃才爆炸，而黑索金炸药只要 260℃就爆炸。炸药在撞击、摩擦、针刺等机械能作用下发生爆炸的难易程度称为“机械感度”。例如，在标准的测定条件下（0.05

克的炸药，以 10 千克重锤在 25 厘米高度落下进行撞击，引起爆炸的百分数)，梯恩梯炸药的撞击感度为 4%～8%，而黑索金炸药的撞击感度为 70%～80%；黑索金的撞击感度比梯恩梯约高 9～20 倍。炸药在爆轰波（发生爆炸反应时在炸药内部传播的一种冲击波）作用下发生爆炸的难易程度称为“爆轰感度”，亦称“起爆感度”。另外，炸药因静电火花作用发生爆炸的事件已引起人们的高度重视，并把炸药的这种敏感程度称为“静电感度”。

因此，在进行爆破时，应根据所使用的炸药感度特性采用不同的起爆方法，像雷汞等炸药，用撞击、枪弹射击就可以起爆；而起爆梯恩梯等炸药，就必须用雷管，有的还要通过先引爆起爆炸药，才能诱发整个炸药爆炸。在运输、储存、保管中，也要根据不同炸药的感度特性区别对待。为了保证安全，严禁将炸药与雷管等起爆火具混在一起运输和保管；即使在战场上，也不允许将炸药、火具混合存放在一起。

另外，由于炸药具有感度，当一个装药（主发装药）发生爆炸时，其爆轰产物的冲击、爆炸冲击波的作用等，会引起相隔一定距离上的另一些炸药（被发装药）发生爆炸，这种现象称为“殉爆”。殉爆的距离与主发装药的性质、药量、密度、爆轰方向，被发装药的爆轰感度，以及主、被发装药之间的介质等因素密切相关。一般主发装药的能量高、药量多，形成的冲击波压力和冲量大，引起殉爆的距离也大；被发装药的感度灵敏，引起殉爆的距离大；主、被发装药之间的介质对衰减冲击波的能力强，引起殉爆的距离小。所以，在炸药库和危险性大的工房、实验室周围常构筑一道砂、土围墙，这样可使各建筑物之间的安全距离大大缩小，从而减少占地面积，并便于使用管理。在战场上，炸药、火具应尽量存放在地下工事内，以防炮、炸弹诱爆。

为什么“云雾”会爆炸

在美军侵越即将宣告失败的前夕，一天越南人民军的阵地上空，随着隆隆飞机声过后，在低空出现了团团白色“云雾”。只见“云雾”迅速向一起聚拢，霎时，一道闪光划破长空，“云雾”爆炸，虽然没有山崩地裂的轰鸣，却工事坍塌、雷场起爆、横尸遍野……这就是被称为“云爆弹”“气浪弹”“窒息弹”的作用。据称，其爆炸威力可与低当量核武器相比拟。

这种炸弹之所以有如此巨大的威力和特殊作用，是由于弹体内装填了一种新型的燃料空气炸药，例如，环氧乙烷、环氧丙烷、丙烷一丙二烯和丙烯的混合物及硝酸丙酯等。这些碳氢化合物具有沸点低、易挥发等特性，从弹体内一撒出，便气化，并迅速与空气混合，形成气溶胶状云雾。当燃料与氧气混合达到一定的比例时，便可用引信在几微秒之内使“云雾”突然起爆，宛如矿井的瓦斯爆炸。但是爆速很高，释放出的能量极大，比普通炸药爆炸威力要高 5 倍以上，其爆轰波的压强可达 2.02～3.33 兆帕（20～30 个大气压），即每平方厘米上受到 196～294 牛顿（20～30 千克力）的超压。而超压为每平方厘米 9.81 牛顿（1 千克力）时，就可能造成人员死亡、房屋倒塌，可见其威力之巨大。特别是由于这种气溶胶状云雾的比重比空气大，会像水一样流向低处，无孔不入地钻进工事内部爆炸。一般炮、炸弹都是点状爆炸，而燃料空气炸

药会自动散成云雾团，笼罩大地，呈面状爆炸，成为摧毁各种地面和地下目标的有效武器，具有很高的扫雷价值。据试验，1 枚装填 45 千克燃料空气炸药的炮、炸弹爆炸后，可形成直径 15 米、厚 2.5 米气溶胶状云雾层，引爆后在距爆心 15 米的范围内，冲击波的超压高达 9.81 兆帕（100 千克力/厘米^2）以上，足以将各种地雷、水雷全部销毁，将工事全部破坏。美军海军陆战队研制了一种安装在两栖装甲车上的燃料空气扫雷系统，可一次发射 21 枚火箭弹，在 30 秒钟时间内开辟出 1 条宽 20 米、长 300 米的通路，能保证抢滩登陆的各种工具和多路坦克开进，尤其适用于伴随海军陆战队，在水际滩头的抗登陆障碍物中开辟通路，以及纵深战斗中为冲击部队开辟通路。目前，英、德等国也都在研制这种扫雷系统。另外，由于燃料空气炸药在爆炸时，要高速消耗空气中大量的氧气，例如，1 枚装填 33 千克环氧乙烷的炸弹爆炸时，能用掉 60 千克氧气，并生成大量一氧化碳和二氧化碳，这就会使周围骤然缺氧，造成人员窒息、机械停转。如果在一处同时投放多枚云爆

美军海军陆战队装备的燃料空气炸药扫雷车

弹，可以使 4000～20000 米范围内的集群坦克、装甲输送车及人员丧失战斗力，大部分工事遭到毁灭性破坏。

美军还在研究给反弹道导弹装填燃料空气炸药，一旦发现敌方洲际导弹袭击，便适时发射出这种反弹道导弹，在空中造成一道燃料空气的云雾屏障，使来袭的洲际导弹提前空爆、销毁。

为什么液体炸药受青睐

在常温下呈液体状态的炸药称为“液体炸药”。例如，典型的液态单质炸药硝基甲烷，是一种挥发性的无色液体，在 101.2℃时便气化，－29℃时才固化，并能溶于水；其撞击感度为 0～8%，安全性很好；爆速为 6600 米/秒，与梯恩梯炸药相仿。另一类由硝酸肼和过氯酸肼、肼、氨等组成的混合液体炸药，则是一种透明的液体，撞击感度达 27%，传爆性能好，爆速为 8680 米/秒，与高级炸药黑索金相仿。

由于液体炸药密度均匀，流动性好，便于机械输送和做成形状复杂的装药，尤其是适于战场上快速开设防坦克壕、开辟通路等时机使用。

1984 年，美国国防部曾建议北约组织改善障碍体系，使用一种管道炸药系统封锁边界，拦阻华约常规进攻的先头部队。

这种管道炸药系统就是把特殊的管子预先埋设在地下，临战时迅速灌进液体炸药，起爆后便可开出一条巨型壕沟，以阻滞对方的进攻。美军曾进行过多次试验，将直径为 150～170 毫米的聚乙烯塑料管埋入地下 2～2.3 米深处，然后在管中灌注硝基甲烷液体炸药，用梯恩梯炸药引爆后，可开出深 4 米、宽 12～17 米的沟壕，使步兵、坦克都难以跨越。如果利用这种管子设置成“双卡”式：第一道管子爆炸，阻止对方前进，然后第二道管子爆炸，截住对方退路，这样前堵后截便可“关门打狗”。前联邦德国也曾进行过试验，在直径 15.24 厘米、长 83 米的长管中，灌进 1591 千克液体炸药，爆炸后形成宽 9～12 米、深 3～4.25 米、长 91 米的深沟，横在步兵、装甲战车的前面，使之成为一条难以逾越的“护城河”。这种管道炸药系统的最大优点是：技术简单、设置方便、隐蔽安全、成本低、效能高。如果在敌人刚好冲到它跟前时起爆，那么就会让步兵“坐飞机”，使坦克“倒栽葱”，被阻滞在沟边的敌人，便成了预瞄火炮的靶板。平时，可将这种管子在预设战场上埋好，并加以严密伪装；临战时，再向管内注入液体炸药，安上起爆装置；需要时利用遥控起爆器起爆。

液体炸药单人掩体爆破器

液体炸药还为快速构筑野战工事提供了一种新方法。美军装备给士兵的单人掩体爆破器，就是利用液体炸药的。如果将这种液体炸药直接浇在地上，渗入土中以后，在地上插上引信，便成为地雷，能炸伤步兵，毁坏车辆的轮胎。如果把液体炸药撒布到雷区里，起爆后便可将地雷诱爆，为步兵打开通路。

为什么爆破能魔术般地将闹市中的建筑物拆除

在修建毛主席纪念堂时，天安门广场南端东西两侧的北京邮局和人民大会堂职工宿舍，总共12000余平方米的钢筋混凝土5层大楼，分别在几天时间，就被工程兵的指战员炸塌拆除了。可是，无人听到普通爆破的轰鸣，也不见飞砂走石、冲击波和地震的危害，距被爆破楼房仅20米的毛主席纪念堂主体工程和附近的一切建筑物及电力、电信设施都安然无恙，脚手架上施工人员照常在紧张地劳动，两侧交通如常，一切爆破的危害全都被控制住了。

这种20世纪60年代才迅速发展起来的控制爆破技术，被人们称为“魔术般的爆破”。在大规模的城市改造扩建工程中，闹市中的古旧建筑，常常运用这种技术转瞬即被拆除。曾发生过这样一次笑话：某工程兵学院为上海炼油厂炸除废弃的18米高钢筋混凝土楼房时，公安人员不放心，怕距炸点10米左右的贮油罐和输油管道发生危险，便专门派去了消防队，可是等了半天不见动静，老远望去距爆破楼房3.2米的变电所里，工人一直在照常工作。他们纳闷地前去探听，这才恍然大悟：楼房已神不知鬼不觉地定向倒塌，爆破人员早收工了。

其实，控制爆破也并不神秘。其奥妙就在于通过合理选择和利用爆破能源的能量，科学地运用了爆破工程学上的“最小松动装药原理”和

"缓冲作用原理"，通常采取"多穿孔，少装药，分次逐段起爆"的方法。因为，要炸毁任何物体总是需要有相应的能量，如果科学地将所需的炸药"化整为零"，并通过巧妙地布孔和编排装药起爆顺序，便可有效地利用爆破能量，减小危害。在天安门广场拆除3座大楼，总装药量近半吨重，如果集中爆炸，仅能炸毁几个房间，危害却要达几千米的范围；而把装药分散在近万个约孔中，每孔的装药仅30～75克，并使用了毫秒延期雷管，分次逐段起爆，便有效地控制住了炸药能量的释放，使爆破产生的地震、冲击波、碎块飞散及噪声等危害最大限度地减小。

可见，控制爆破的最大优点就是能够同时满足"爆效"与"安全"的双重要求。普通爆破大都是以保证爆破效果为前提，然后划定安全区域，危险区内的各种设施和人员都要撤离。而控制爆破则不然。例如，修建北京饭店爆除旧建筑物时，采用控制爆破即将2200平方米的钢筋混凝土地下室全部炸掉，又不危害周围近在咫尺的楼房和繁华的长安街、王府井大街的交通，这就突破了许多爆破的"禁区"。

控制爆破的优越性，引起愈来愈多国家的重视，发展十分迅速。起初是德国、日本等国为清除第二次世界大战遗留的废墟，采用了一些属于控制爆破的技术措施。随着新型炸药和微差爆破技术的出现，到20世纪60年代后期，日本等国家将控制爆破应用于拆除房屋、桥墩和开挖隧道、公路改建等工程。20世纪70年代以来，控制爆破在能源的利用、施工技术上都有了高速发展。日本、美国还相继研究出利用不爆炸

控制爆破拆除闹市中的建筑物

的燃烧剂和易燃气体进行控制爆破，使爆破危害进一步降低。丹麦、日本还研究出以水为爆破能量传递介质的水压爆破，使地震波、冲击波和飞散碎块的危害更加降低，炸药消耗和作业量也大为减小，使控制爆破的应用范围日益广泛。奥地利在抢救地震危害中，曾以贴近皮肤的爆破技术，距倒塌房屋构件下面人员40厘米处进行控制爆破，安全抢救出遇难人员。

随着我国大规模现代化建设的全面展开，控制爆破已不仅被广泛运用于拆除废弃建筑，清理海港、航道，而且在隧洞掘进中的光面爆破，改建桥梁、码头中的切割爆破，构筑道路、铁路和采矿中的预裂爆破等，都广泛应用了控制爆破技术；医疗上还采用控制爆破技术炸碎人体内尿道结石，以代替传统的外科手术。

为什么爆破静悄悄

某钢铁公司扩建，如磐石般的混凝土基础需要拆除。可是，该基础，距工厂重地仪表室仅5米，距百米高的大烟囱仅7米，距一刻也不能停运的铁路线也仅有3米远。如果采用炸药爆破，会有一定的危险。这时，工程技术人员使用了一种叫“燃烧剂”的特殊化学药剂，便无声、无尘、静悄悄地将那基础破碎了，而周围的一切都毫发无损。

“燃烧剂”为什么有那么神奇的功效呢?

常用的“燃烧剂”主要是由金属氧化剂和金属还原剂按一定的比例混合而成的。金属氧化剂是一种能氧化其他物质而自身被还原的物质，像二氧化锰、四氧化三铁、三氧化二铁、氧化铜等。金属还原剂是一种能还原其他物质而自身被氧化的物质，常用的是铝粉。将“燃烧剂”装填到密闭的药孔里点燃后，便产生化学反应，释放出大量的热能和高温气体，使孔壁骤然受热，温度高达2000℃以上，再加上高温气体的膨胀压力，孔壁便出现裂缝，高压气体立即窜入裂缝，使裂隙迅速扩张，将整个结构物破碎。由于这种爆破利用的是热应力和气体静压力作用，在化学反应过程生成的气态物质，与大气接触时立即成为固态物质，压力急剧下降，所以，爆破时不会出现空气冲击波，即使有点震动和声响也很轻微；只要用药量适当，便不会出现飞散碎块。另外，“燃烧剂”点火不需要雷管，利用电助丝、点火管或导火

索便可点燃。因此，保管、运输、使用都很安全，是一种比较理想的控制爆破能源。

科学技术的发展，还为我们提供了一种“破碎剂”。它会如同盛水的缸冻冰后被胀裂一样将岩石破碎。“破碎剂”也并不神秘，它是一种淡红色或灰色粉末，主要由类似岩石的硅酸盐（硅、氧和金属元素的化合物）、氧化钙（生石灰）和其他化合物组成。使用时，向里面加入一定量的水，搅拌成浆糊状，灌进岩石的药孔中，由于水化反应而硬化，温度升高，体积逐渐膨胀，10～24小时膨胀压力可高达每平方米6.87～29.42兆牛顿（700～3000吨力），即6.87～29.42兆帕（70～300千克力/厘米^2）。这样巨大的力量，足以使各种坚硬的岩石和混凝土结构物被胀碎。因为，岩石的抗拉强度仅有3.92～6.87兆帕（40～70千克力/厘米^2）。

采用“燃烧剂”和“破碎剂”进行爆破，无声响、无尘土、不产生碎片飞散，爆破面可以得到严格控制，不仅被运用于城市改造、开采矿藏、切割混凝土构件和近人体的爆破等经济建设中，而且在军事工程上，这些新型的爆破能源，也为改造地下工事、海港码头，以及在战场上秘密地实施爆破作业等，提供了一种崭新的手段。

为什么爆破前向目标里灌水

某地在城市建设中，为拆除一个废弃的整体式钢筋混凝土人防工事，采用了一种特殊的爆破方法：只见作业手们，先将总重5.5千克的硝铵炸药，分装进4个医用盐水瓶内，每瓶里都安了电雷管，将导线从瓶口接到工事外面；然后用胶布和塑料袋对装药严加密封，吊在工事里不同部位的空中；接着将工事的门、洞口等所有与外界相通的孔洞都用砖石混凝土封得严严实实，成为一个不漏水的大容器；随后，通过从工事顶部引出的一根水管，向工事内灌水，直至完全灌满，不留一点空隙，并将进水口堵死。一切准备就绪，随着指挥员的“起爆!”口令，一声闷闷的声响，这个重磅炸弹都难以炸毁的钢筋水泥工事，就被5.5千克的炸药炸得“粉身碎骨”了。这就是20世纪70年代才问世的水压爆破。

在水压爆破中，装药是爆破的能源，水是传递爆炸能量的介质。由于水是一种难以压缩的流体，在外界压力加到10.13兆帕（1000个大气压）时，水的体积也仅能缩小5%左右，所以水本身消耗的压缩能量很小，而传递能量的效率甚高。装药在水中爆炸时便会产生压力很强的水冲击波。同时，在水中爆炸的过程还会产生大量气泡，以膨胀—压缩—再膨胀—再压缩的形式脉动。因此，水中爆破时会产生两种爆炸压力：一是巨大的水冲击波压力。梯恩梯炸药在水中爆炸其初始压力约为

1.4亿兆帕（14万个大气压），比在空气中爆炸大100多倍。二是气泡脉动压力，虽然仅有水冲击波压力的10%～20%，但是由于其作用时间较长，所以冲量很大。这两种压力同时作用于爆破目标上，足以使其破碎。

水压爆破具有很突出的优点：一是施工简单，不需进行钻药孔和装填药的作业，起爆线路也大为简化。采用药孔爆破上述人防工事，需要钻数百个药孔，装填数百个装药，敷设数百米的点火线路，不仅作业量大，而且很容易发生故障。二是爆炸能量的利用率高，空气冲击波、爆破地震波和碎片的飞散范围都小，爆破噪音、毒气、粉尘对环境的污染轻，安全性好。三是经费省、工期短。据统计，水压爆破比钻孔装药爆破的工期可缩短1/2～2/3，总经费可降低60%～80%。目前，水压爆破已被广泛运用于拆除那些废弃的碉堡、水塔、贮水池、管道、罐体、空心桩等各种易被密闭的薄壁型金属或钢筋混凝土结构物。当然，采用这种爆破方法时，必须考虑到爆破时水的飞溅和爆破后大量溢水的危害，应做好排水、防潮的准备，特别是进行较大规模的水压爆破时，更应予以高度重视，以免发生水灾，危害以后的施工。

为什么爆破能移山填海

自从我国开展大规模经济建设以来，与城市拆除爆破竞相发展的移山填海定向爆破，也频传捷报。1990年5月25日下午，位于广东大亚湾西北的荃湾半岛和屎马坳岛，随着隆隆的闷雷声，80余万立方米的土石方，顷刻之间被掀入近旁的海中，4个高地被夷为平地，岛陆之间宽240米、深4～5米的牛过水海峡被填平，一片15万平方米的新造陆地展现在南海之滨，为兴建全国最大的“熊猫汽车城”和“化工城”提供了3.5万吨级的惠洲港创造条件。

定向爆破移山填海

定向爆破是一种受控制的飞散爆破，在筑路、造田、开矿、移山填海、平整场地等经济建设和国防建设中都有广泛的用途，而且在战场上还可采取定向爆破的手段，破障、设障和抛石杀伤敌有生力量，破坏敌武器装备和军事设施。

定向爆破之所以能按预定的方向将巨量土石抛掷到一定的位置上，是由于应用了爆破工程学上的“最小抵抗线原理”。所谓最小抵抗线，是指由装药中心到地表面（临空面）的最短距离。最小抵抗线所指的方向，就是土石（介质）易于破碎和发生移动的主要方向。因此，在进行定向爆破时，首先要掌握住最小抵抗线的方向，让其指向预定土石抛掷的方向。另外，实验证明，当临空面上有个空穴，在装药爆炸时产生的能量会向这个空穴的孤形面集中，使土石（介质）发生定向抛掷运动。根据这一规律，在进行定向爆破时便尽量利用天然的凹形地貌；如果没有自然地形可利用，可采取辅助装药爆破预先造成凹坑，为定向爆破创造良好条件。当定向爆破的规模较大时，还要通过科学设计装药量、装药个数、装药布局和起爆时间间隔等，以达到最大爆破效果。

定向爆破需要的炸药一般都较多，有时一次就要用几吨、几十吨甚至数百吨炸药，所以常称为“大爆破”。但是大爆破也并不是将炸药都集中在一处一次点火起爆，而是要分开成排、层、列地科学布置，按“先外后内，先上层后下层，先飞散后移动”层层剥皮的顺序，以毫秒差的电雷管起爆线路进行控制。经验证明，科学设计装药个数，准确计算成群装药中各个装药之间的相对空间位置和起爆时间差，是保证定向爆破效果的重要环节。尤其是各装药的起爆时间差，掌握得好，前面装药的爆炸会为后面装药的爆炸创造条件，产生倍加的效果；如果掌握不好，有时因百分之几秒的误差，都会使能量相互抵消，严重降低爆破的效果，甚至造成“哑炮”，或不能按预定方向抛掷土石，达不到预期的目的。

为什么打出了土坑道而能不出土

几位工程兵战士，携带着简单的作业器材在班长带领下乘夜暗隐蔽地潜伏到敌前。天还没亮，指挥所就接到了他们的报告：警戒阵地的土坑道掩蔽部已经构筑好。可是，当人们来到这个掩蔽部跟前时，却没有见到通常的坑道除土堆，大家异口同声地称赞工程兵战士的巧妙本领。这时，工兵班长不以为然地说："我们采用的是压缩爆破法，这样构筑工事就很少出土。"

什么是压缩爆破呢？

原来土壤是由固体的矿物颗粒和水分、气体等物质组成的。在土壤颗粒之间有大量孔隙，尽管孔隙很细小，但合起来总体积并不小，一般孔隙率可达30％～36％，水分和气体就贮藏在孔隙里面。当炸药在地下一定深度的土壤中爆炸时，产生的高温、高压爆炸气体便会以强大的挤压力，将装药周围的土壤向外推移、压缩，形成一个爆破压缩空间。这个压缩空间的大小与土质、装药种类和数量等因素有关，通过科学计算可以获得预期的设计效果。

采用压缩爆破法构筑野战土坑道工事，不仅具有除土量小、作业速度快的优点，而且由于爆炸高温、高压气体的作用，会使空室表面形成一层塑性变形的压密区，从而提高了土坑道工事的抗力和防水性能，内表面也比较光滑，一般不需要被覆就可使用。压缩爆破还可用于构筑竖井、地下油库，以及为埋设地下管道、桩柱等开设孔洞。

但是，并非在什么条件下都可以采用压缩爆破，首先是土质的可塑性必须较强，一般要含砂量30%以下，含水量为10%～30%的黏土、黄土和砂质黏土为好，在砂土或岩石中是炸不出压缩工事的。第二是土层必须具有一定的厚度。如果土层满足不了最小安全厚度的要求，就有可能破坏压缩拱，甚至炸开“天窗”，形成不了压缩工事。

采取压缩爆破时，先在预定位置的土层中穿一药孔，必要时还要以微量装药扩爆出药洞（室），以便装填炸药。

为什么能将爆炸的能量聚集起来

一个小小的透镜对着一张白纸，调整透镜的距离和角度，使光线聚焦在纸上成为一个小点，结果不一会工夫纸便被点燃了。这种极其简单的现象生动说明了聚能的作用。科学家们运用聚能的原理，将炸药爆炸时产生的向空间成球形扩散的能量，集中到一点上，便会产生出可穿透钢甲的能力。

但是，这种聚能作用不是利用透镜产生的，而是通过将炸药制成具有凹槽的聚能装药获得的。这是由于聚能装药爆炸时，接近凹槽面的爆炸生成物及冲击波将沿着凹面轴向聚合，形成聚能射流。使用高能炸药时，其聚能射流的最大速度可达每秒 12 千米以上。聚能射流在凹槽前一定的距离（F）上发生最大聚合作用，形成聚能点（E）。如果使这个聚能点击中目标，那么破甲能力便最大。后来，人们又发现在装药的凹槽的前面加个用金属制成的药型罩，当炸药爆炸时，在强大的爆炸作用下，金属药型罩便被挤压到轴线上，形成高温、高压、高速的金属射流，其温度可高达4000～5000℃，速度可达8000～10000 米/秒，撞击钢甲的局部压强可达数千兆帕至数万兆帕（数万至数十万个大气压）。这样巨大的力量，足以将几百毫米厚的钢甲穿透，将数米厚的钢筋混凝土工事炸穿。

另外，科学家们还发现，金属药型罩的锥角大小和截面形式等，都

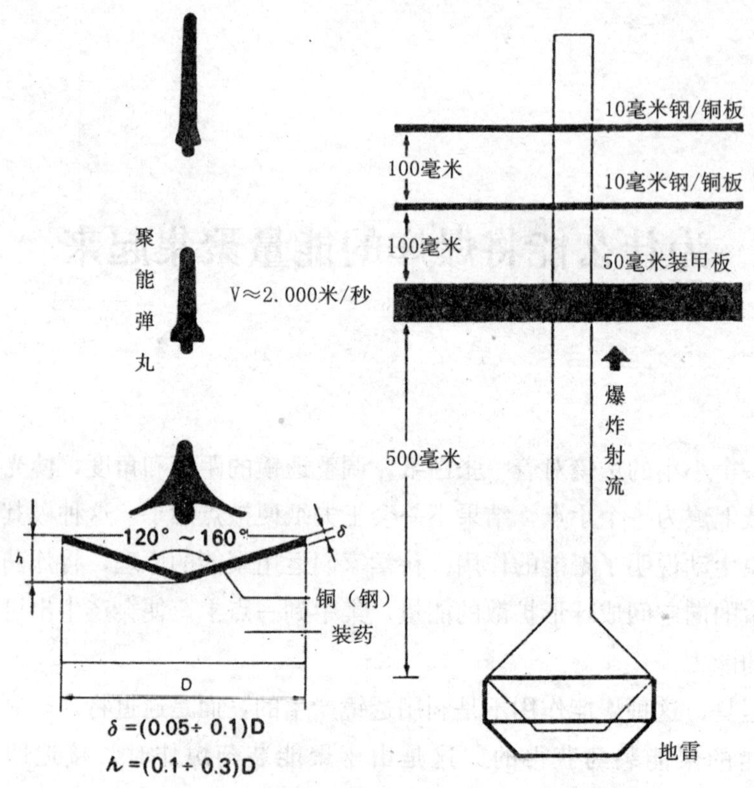

聚能爆炸

会直接影响聚能作用。当增大金属药型罩的厚度和锥形夹角以后，起爆装药时金属药型罩就变成了一个密度极大的聚能弹丸。炸车底和炸侧甲地雷便是采用了这种装药结构。像采用这种形式装药的瑞典 FFVO-28 型炸车底地雷，当坦克从它上面通过时，相距 50 厘米也可炸穿其底甲，并且穿过底甲的弹丸还可继续前进，再穿透前方间距 10 厘米的两块钢板或铜板。据试验，一般金属药型罩薄则弹丸小、速度快，罩厚则弹丸大、速度慢；锥角小则弹丸直径小，锥角大则弹丸直径大。根据这一规律，专家们又设计出了变形药型罩和铝、镍等不同金属材料压制成的组合药型罩，使聚能效果进一步提高，而且可形成两个聚能破甲弹丸：

药型罩顶部形成一个速度快的小弹丸，药型罩底部形成一个速度稍慢的大弹丸。这两个弹丸分次冲击，接力破甲，摧毁目标的能力显著提高，特别是跟进的弹丸能在坦克、工事等目标的内部，引起燃烧或发生二次爆炸，以杀伤有生力量，彻底破坏内部设备。

为什么敌后爆破能釜底抽薪

在第二次世界大战期间，仅1943—1944年，苏军就以工程兵为主，组建过多支爆破分队，深入德军占领区的后方，破坏交通要道上的桥梁300座、军用列车500余列，运输车辆600余台，还炸毁了敌坦克300余辆、自行火炮300余门及其他重要军事设施，使敌后方补给系统和支援力量受到严重创伤，有力地配合了前方正面作战，大有釜底抽薪之效。

在现代战争中，袭击敌后方的战术已经不仅仅是第三世界国家军队以弱胜强、以少胜多的法宝，而且由于当今最先进的科学技术集中运用于武器装备，使军队成为科学技术高度密集的集团，尤其是对后方的依赖性极大，一旦深入敌后袭击成功，便可使对方的武器系统、指挥系统和战争潜力遭到致命地破坏，并具有瓦解敌军士气的震撼作用。

另一方面，现代科学技术使地雷、爆破器材和工程手段，已不仅仅具有工程保障的功能，而且能用来直接摧毁或消弱构成敌战斗力的战斗人员、武器装备、物质资源、军事科学技术、组织指挥控制等诸多部分。因此，各国军队都十分重视运用工程兵及其地雷、爆破装备和工程手段，直接参加破袭作战，破坏敌要害目标，特别是秘密地深入敌后，以渗透袭击战术，破坏敌人的指挥控制和通信枢纽等 C^3I 系统，导弹、火箭等武器系统和后勤补给、技术保障系统等防卫能力比较脆弱的纵深

目标，从而有效地破坏和限制其优势技术装备发挥作用，打乱其作战部署，瘫痪其作战指挥，消弱其作战支援能力。这种战法，用于对付力量强大、锐不可挡之敌，更可断其力量之源，减煞其攻势猛度。

据有关资料介绍，有的国家的摩托化步兵师，以高技术装备起来的“软目标”，约占总目标数的70%；其他航空、装甲、舰艇部队的“软目标”所占比例就更大了。这些“软目标”主要配置在防御纵深内，成为对方袭击的最好部位。现代工程兵装备的小型化、高效能，使其深入敌后进行袭扰的行动较其他兵种更为轻便、隐蔽、灵活，可以速进速退，左右出击，广泛开展敌后麻雀战。像最小的反步兵地雷仅重20余克，纽扣大小，1人可随身携带数百枚；可炸穿7厘米厚装甲的反坦克地雷，也仅有2千克重，携带、布设都极为方便。在局部战争中，敌后爆破的战术受到各国军队的普遍重视，并屡屡奏效。在英阿马岛之战中，英军派遣有工程兵参加的陆战队，率先潜入马岛，袭击了阿根廷军队的机场、弹药库等重要目标，为其后发动登陆攻击、重占马岛起了极其重要的作用。

为什么诸葛亮挥泪斩马谡

三国时期，魏、蜀、吴3国交战，诸葛亮统帅蜀军数十万，北上伐魏，途中派大将马谡把守六盘山至陇山之间的咽喉要道街亭（今甘肃庄浪东南），而马谡不听“靠山傍水安营扎寨”的正确意见，执意让主力部队驻守在缺乏水源的山顶上，以为这样在受敌包围之后，可以收到“陷之死地然后生”的效果。可是，被魏军重重包围，断绝了汲水道路以后，司马懿并没有立即与蜀军决一死战，而是采取了以困制敌的策略。结果马谡失策，蜀军被久困，不得饮水、粮秣而不战自溃，几乎全军覆没。司马懿轻取街亭以后，随率15万大军直逼诸葛亮所在地西城县。此时，诸葛亮身边无一员大将，只有士兵2500名。因兵临城下，寡不敌众，危在旦夕，他不得不壮胆设下“空城计”。他泰然自若登上城楼，凭栏而坐，焚香操琴，使司马懿疑为有诈，望而生畏，不得不撤退。由于马谡的错误，使诸葛亮北伐的整个战略计划破产。要不是诸葛亮急中生智，巧设“空城计”，智退了魏军，还不知诸葛亮会落到什么地步。这就难怪他要挥泪将这员心爱的名将斩首。

在现代战史上，这种因给水失策而造成失利的事，也不乏其例。例如，1945年，苏军在进行远东战役时，开始没有对给水保障予以足够的重视，有几个方面军在通过数百千米的严重缺水地区时，有的行程3昼夜才见到一眼日出水量仅10立方米的水井。而1个集团军1昼夜就

需要给水2400立方米；加上气温高达40℃以上，不少人干渴脱水，车辆的散热器也“开了锅”，军队不得不停止前进。后来，外贝加尔方面军除了抽调各工程兵旅50%的部队参加构筑给水站，还在步兵、炮兵中广泛组织给水保障，使主要行军路线上每隔30千米就有一个给水站，连橡皮舟、背囊和坦克的预备油箱都用作了贮水和运水，从而有利地保障了远东战役的胜利发展。在现代局部战争中，给水仍然是一件不容忽视的重要作战保障任务。第四次中东战争时，埃及第三军就曾被以军围困而严重缺水，难以执行作战任务。

在作战中，供给部队的用水，不但要保证数量，而且还要满足质量的要求。地下水中含有多种有害溶解盐类。我国西北边疆有的井水中含有大量氯化物和硫酸盐，饮用后会引起腹泻，甚至便血。水还是传播伤寒、霍乱、痢疾、肝炎等疾病的媒介。由于水源污染，导致疾病流行，而使军队遭受严重损失的事例也屡见不鲜。在第一次世界大战中，法、德、苏3国军队，由于饮水而传染了伤寒病者竟达31万人。1967年，美军在越南战场上，因喝了污染水，患阿米巴痢疾和肝炎并发症的就有数千人。可见，战场给水的去盐和净化是一项极为重要的任务。尤其是在使用核、化学、生物武器的条件下，不仅在缺水地区，即使在水源充足的地区，也会由于水源被污染、原有给水设施被破坏，而造成供水困难。

高技术条件下的战役、战斗，是在使用核、化学、生物武器或在其威胁下进行的诸军兵种协同作战，其大纵深、高立体、快速度和突然性、剧变性、连续性及空前的破坏力等特点，使野战给水保障的范围广、标准高、工程量大，任务来得很紧迫，有效地组织实施给水保障，对提高军队的战斗力和生存力至关重要。尤其是在缺水或水质恶劣的地区作战，给水保障更具有决定性的意义。因此，各国都十分重视加强野战给水方面的科学研究和技术装备研制，建立了一整套严格的给水保障程序和系统，以提高军队的野战给水能力。不论是在何种条件下作战，都要严密组织野战给水侦察，认真查明作战地区内水源的水量、水质、开发利用条件及有关地形、敌情等状况，并作出明确的评估报告。据此，制定野战给水计划、健全野战给水的保障组织、确保不间断地供给部队人员饮用水和机械、车辆等各种技术装备的用水，是至关重要的。

为什么要开设野战给水站

野战给水站，是在野战条件下开设的包括有水源和给水设备，为部队提供用水的设施。按其用途分为饮用水给水站、机械车辆用水给水站和洗消用水给水站等。水是保障军队作战的头等重要物质。给水保障是关系军队生死存亡的工程保障和卫生勤务保障任务。特别是在现代战争中，军队的用水量很大，而原有的给水设施又极易遭受破坏，如果全靠从后方输送水来保障前方作战，那是极其困难甚至是根本不可能的事。据实验，在一般野战条件下，人员饮用、卫生用水每人每天约需10～15升；机械车辆冷却水，每辆中型坦克需80升，每台大型机械需60升，每工作4小时还要补充20%的冷却水；洗、消用水量更大，1辆汽车、坦克或1门火炮就约需250升。1个师在沙漠地区作战，每天人员饮用水就需200立方米，1次洗消用水约需500立方米。要解决这样巨大的供水需求，就必须依靠部队就地开发水源建立给水站才行。

野战给水站不仅要满足部队对水量的要求，而且要保证水质和水压的标准，还要具有可靠的防护能力，因此，它是一个包括水源、汲水、净水、贮水、配水等设备和附属工程，以及设备维护、卫生监督、警戒、安全保障组织的系统，就像是一个化工厂，一环扣一环，环环紧相连，一刻也不能中断，从而保证不间断地供给部队所需要的水。

利用地面水开设的给水站，通常由江河（湖泊、水库、池塘）等取水构筑物、汲水泵站、动力室、净水设备、清水贮水池、各类配水点、水质化验室、卫生警戒区、各种掩蔽工事、观察警戒哨、防卫拦障、环形道路等组成。具有高技术净水车及配套装备的部队，到达驻地后可快速展开，构成未受污染地面给水站。利用地下水开设的给水站，与利用地面水开设的给水站不同的是：首先应打井或挖坑，构筑集水构筑物。但除了在苦咸水地区以外，一般不需要净水设备。

通常，在进攻作战中，应在集结地域、待机地域内和进攻路线上，开设野战给水站；在防御作战中，应在设防地域内开设野战给水站；在行军中，则应在行军路线上及宿营地开设必要数量的野战给水站。在进行水源侦察选择开设给水站的位置时，应尽可能地利用符合供水标准的原有水源和给水设施。当需要开辟新的地下水源时，通常按泉水、上层滞水、潜水、承压水的顺序选择；利用地面水源时，按江河、水库、湖泊、池塘的顺序选择；当没有上述水源时，应充分利用雨雪等天然降水。只有具备对海水进行淡化处理的能力时，才允许选择海水做饮用水的水源。

利用未受污染地面水开设的野战给水站

为什么在给水困难的地区指战员们见到《给水条件图》便如获至宝

进入20世纪90年代以来，在报刊、广播中不断传出我军给水工程部队为给水困难地区绘制出《给水条件图》的消息，颇得了给水困难地区广大指战员的一片喝彩，他们如获至宝，缜密保藏和利用。

《给水条件图》乍看宛如地形图，但是它是包含有比地形图内容更为广泛和特殊的标示地面、地下水源分布状况和开发利用条件的专业性重要图件。这种图是在运用现代的水文地质调查和探测手段，广泛搜集各种有关资料的基础上，经过综合分析研究、归纳整理，将那些与给水有关的内容，突出而易读地反映出来，以供野战给水保障需要。其内容主要包括：一是地表河流、湖泊、水库、水窖等的水量、流量、水质、时令变化等水文要素。二是地下含水层的类型、富水性及其分布。三是已有给水设施、水源点的分布、类型、级别、位置及其给水条件等。四是与给水有关的地貌和铁路、公路、桥梁、渡口、居民点等地形要素。五是给水条件评价分区，对不同水源的水量、水质、取水难易程度、原有给水设施的完善程度、环境卫生、输运水道路、隐蔽伪装、工程地质等条件作出评估，并对其军事利用价值和开发利用采取的措施等，都有明确的标示和说明。

因此，有了《给水条件图》便可对地面和地下的水源及可供利用的情况了如指掌，可为合成军队指挥员和给水工程保障、卫生勤务保障部门全面掌握战区内的水源，拟制给水保障计划，下定战役、战斗决心提供依据，为作战部队在野战条件下实施快速水源侦察、开设给水站提供工程资料。有了它，即使来到一个生疏复杂的地区作战，也不必为寻找水源而东奔西跑、盲目探测了。特别是在现代战争中，地面水源极易遭到污染，原有给水设施很容易遭受破坏，人员、机械、车辆和各种技术兵器又一刻也离不开供水，加之战线和作战地区瞬息万变，给水保障任务不仅工程量大，而且要求紧迫，倘若每到一处都要白手起家现探测、评估、选择水源，现拟定开设给水站的方案、计划，那就很难保持部队的不间断供水，甚至会危害部队的战斗力和生存力而贻误战机。因此，部队的指战员，尤其是在给水困难的地区作战，见了《给水条件图》便如获至宝。

为什么能在地面找到地下水

地下水具有水质好，水温和水量变化小，不易遭受核、化学、生物武器破坏、污染等优点，是军队给水的主要来源。但是，地下水埋藏在地面以下，贮存于岩石或土层空隙之中，有的地下水埋藏深度达数百米甚至千米以上，不易寻找。然而，掌握了科学方法的工程兵，只要地下有水，就能探测发掘出来。常用的的探寻地下水源方法，可以归纳为以下几种。

第一，水文地质调查法。地下水的存在与地质构造、地貌特征密切相关，同时与地面上动植物生存、分布有着内在联系。因而，便可通过水文地质调查，抓住这些方面的线索找到地下水。

一是根据地质构造找水。地质裂隙、断层及溶洞都是地下水贮存的主要场所，一般来讲裂隙发育，水源丰富；岩层呈缓坡，坡下水量多；另外，断层带、背斜大谷地、向斜轴部地区都是富存地下水的地质构造。例如，我国广西都安瑶族自治县地苏地下河就是处在岩层褶皱明显、裂隙发育的地区，形成了网状裂隙系统，因此地下蕴藏水量极其丰富，最大流量可达每秒400立方米。

二是根据地形找水。地下水的存在和运动会引起地物、地貌出现某些特点，掌握了其中的规律，便可用来寻找地下水源。科学工作者和广大人民群众在长期的实践中，总结出了许多依据地形特征寻找地下水的

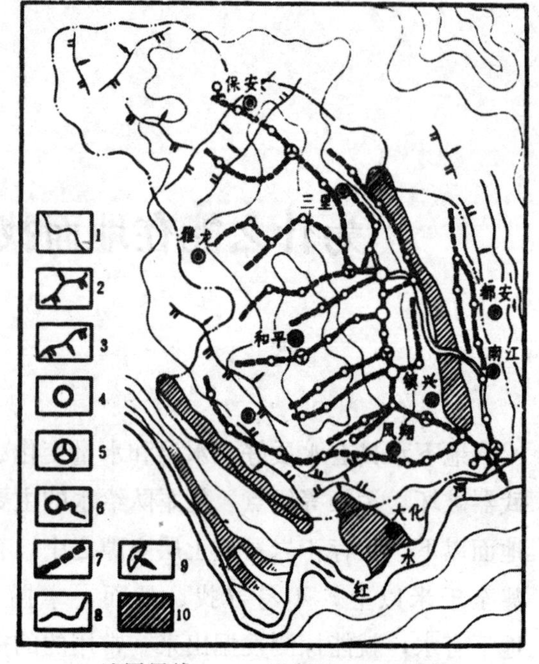

1. 地层界线　2. 逆断层　3. 正断层
4. 地下河天窗　5. 漏斗　6. 下降泉
7. 地下河　8. 地下水分水岭界线
9. 地下河出口　10. 隔水层

广西都安瑶族自治县地苏地下河系分布状况

经验。例如，“万山丛中一盆地，地下水有汇集”，“洼地连成串，暗河在下面”，“山地平原交界线，地下贮水有条件”，“崇山峻岭水源多，峡谷岸边常有泉”，“岩溶地形藏暗河，打出水井流量大”。像广西崇左县的左州乡，有个深 10 余米、直径几十米的自然坑，后来查明下面有条地下河，建成抽水站后出水量达每小时 250 立方米。

三是根据生态特征找水。一切动、植物的生存都离不开水，因此，在缺少地面水的地区便可根据动植物的分布与活动规律寻找地下水。例如，在我国西北沙漠地区，生长有胡杨、毛柳、白杨等树木的地区常有地下水；生长有芦苇、芨芨、沙枣、马兰、骆驼刺等植物的地下 3～10 米深处也常埋藏有地下水。另外，昆虫聚集、候鸟爱停留栖息的地方常有地下水。

第二，物探法。根据不同岩石的电阻率、磁性、密度等物理特征的差异，在地面上利用地球物理勘探仪器，测定出水文地质体。

物探方法很多，最常用的是电阻率法。采用这种方法时，人工在地面以电极将电流送入地下，形成人工电场，测出不同地点与不同深度的电阻率，从而勘探出地下岩土和贮水的情况。颗粒细含水量大、

水矿化度高的岩土，电阻率低，反之电阻率高，依此便可判明地下水的分布，找到可打井的地点。

第三，遥感法。通过安装在人造卫星、宇宙飞船、飞机上的远距离传感器，将地表物体的电磁波谱辐射特性，摄录在胶片、磁带上，经过解译处理，从而找到地下水。遥感找水速度快，不受地形阻隔的影响，能够取得大面积的资料，因而常运用于沙漠、森林、沼泽、山地找地下水。

第四，钻探法。利用钻孔机进行钻孔，直接探测出含水层的岩性、深度、厚度、水位、水质等水文地质情况，从而选择打井位置。

现代科学技术正不断地提供着新的寻找地下水的方法，像放射性勘探、地震勘探等都已用于实践。根据放射性元素的原子核在衰变过程中放出不同能量的射线，而不同岩层及地下水中放射性元素含量又不同，据此利用专门的仪器便可发现地下水。另外，地震勘探、磁法勘探等，都已成功地被用于寻找地下水。

为什么能使浑浊的水澄清

江河、湖泊、水库、池塘等地表水中常含有一些泥沙、有机物、微生物等悬浮杂质，从而造成浑浊。每升水中含1毫克陶土（高岭土）时的浑浊程度为1度。饮用水浑浊度不应超过5度；对机械、车辆和技术兵器使用的冷却水的浑浊度也都有不同的规定。使用超过浑浊标准的水，就会影响人体健康，损坏机器部件，影响武器装备性能的发挥。可是，地表水中往往含有较多的杂质，使浑浊度超过标准。像黄河水，每升中往往含沙量高达几万毫克，根本无法直接利用。在野战给水中，只要区别不同情况，灵活运用以下的一些方法，便可有效地使浑浊的水澄清。

第一，沉淀法。让水静置或缓慢流动，使悬浮物质依靠自重逐渐下沉，水便得到澄清。这种方法，主要用于初步清除水中所含的较大悬浮杂质。通过这样净化的水，一般能做洗涤或牲畜饮用水。颗粒直径小于0.001毫米的物质难以自行沉淀。

第二，混凝法。向水中加入明矾、绿矾等混凝剂，经过搅拌使悬浮在水中因带有相同电荷而不能沉淀的微细颗粒物质，互相凝聚，结成絮状体，进而吸附周围的悬浮物质，使体积和重量迅速增大而下沉，静置几分钟时间水便澄清。采用这种方法，除浊效果可达98%以上；还可清除水中的病菌、病毒达50%～90%，清除放射性物质达90%以上。

部队在行军、作战中，常常会遇到浑浊度较高的水源，如果使用一般的混凝剂，用量大（100～300 毫克/升），费时多（20 分钟以上），而且形成的凝聚物易散碎，混凝后的水也难以达到使用要求。这时，可采用高效澄清剂。高效澄清剂可用高分子聚丙烯酰胺加明矾，按 1：4 的比例配制，每升浑浊水中只需投入 100～120 毫克，8 分钟浑浊水即可澄清。还可将聚丙烯酰胺、水杨酸、亚硫酸、白云粉，按1：0.5：0.5：2的比例混合干燥后磨成粉末，再按1：16的比例加入氯化铝，配合后密封保存，5 年不会变质，极便于部队携带使用，用于澄清高浑浊度的水，每升水中投入 30 毫克，5 分钟即可澄清。另外，为节约混凝剂用量、缩短澄清时间，还可在使用混凝剂时加入适量的助凝剂，像苏打、黏土和高分子水玻璃等，石灰、仙人掌的汁液也有助凝作用；这些对野战中部队给水很适用。

第三，过滤法。使水通过有孔隙的砂层、纺织品、塑料滤珠、陶瓷过滤器以及具有吸附能力的锯屑、木炭、无烟煤、棉花等，滤除水中的悬浮物质。这种方法，常与沉淀法、混凝法结合使用，可除掉那些细小的杂质，而获得高质量的净化水。

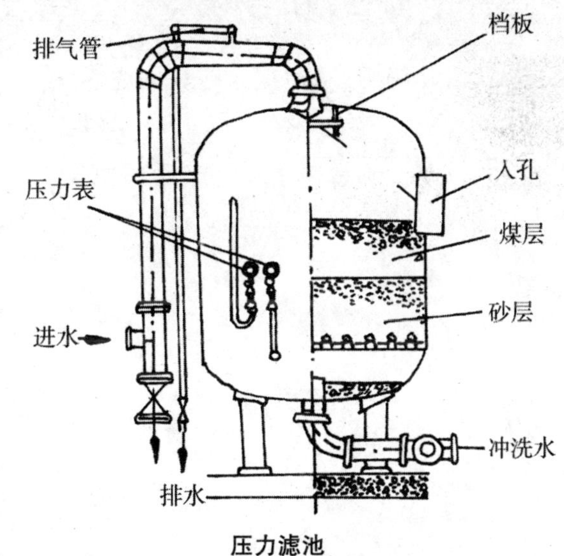

压力滤池

部队常采用一种压力滤池。这种滤池的滤料层通常由粒径0.5～1.2毫米、厚70厘米的石英砂组成；也可用粒径0.8～1.2毫米、厚40～60厘米的无烟煤粒和粒径0.5～1.0毫米、厚40～60厘米的石英砂构成双层滤粒层。这种滤水装置，结

构紧凑，便于机动，较适合野战条件下使用。

美军除工程兵配备有专门的净水装备外，各兵种分队及士兵个人也都装备有小型滤水器、净水药片等，在野战条件下可短时间自我保障给水。德军装备的一种硅藻土滤水器，结构很简单，可滤除水中粒径10～0.3微米（万分之一厘米）的极微小悬浮杂质，使浑浊度达到小于0.1度，水非常透明。

为什么水有软硬

初到一个生地方，喝到当地的水总会敏感地尝到一种味道，有的甘甜可口，有的苦涩难饮，甚至喝了会腹泻（拉肚子），俗称“水土不服”。在一地的河水中洗过澡，皮肤柔软轻松；而在另一地的河湖中洗过澡，则刺刺痒痒浑身难受。这都说明，我们平时所用的水并不纯净，含有杂质。其实，有些人不仅未曾喝过真正的纯水，甚至连见都没见过。

真正的纯水是无色、无味、无嗅，对人体无刺激的透明液体，由氢和氧元素化合而成，只有在实验室经过真空过程才能制造出来，而且要严密封闭在洁净的白金容器里，稍一不慎就不知混进了多少杂质。

平时，所见到的不论是大气水（雨雪水）、地表水（河、湖、塘水），还是地下水（井、泉水）都含有大量杂质。大气水，经过大气层，被尘埃或雷电作用后生成的硝酸与亚硝酸所污染；地表水和地下水，流经土壤、岩层，会有多种矿物质和有机物溶解、混杂到里面，水的味道也就由此而来。例如，水中含有氯化钠（食盐）会发咸；含有氧化镁或硫酸镁会发苦；含有硫酸钠会发涩；含有碳酸镁或较多的氧气会发甜；含有氧化亚铁会有墨水味；含有二氧化碳气体会清凉爽口，但若含量过多会有麻辣味。水中所含钙、镁等盐类的多少会构成了水的硬度。通常以 1 升水中含有 10 毫克的氧化钙（或相当量的其他物质）称为 1 度。

水的硬度又分暂时性硬度与永久性硬度。像水中的钙、镁等碳酸盐，加热后便分解、沉淀成水垢，因可将它清除掉，所以叫“暂时性硬度”；而钙、镁的硫酸盐、硝酸盐及氯化物等，加热后也不能分解而难以被清除掉，所以叫“永久性硬度”。暂时性硬度与永久性硬度的总和称为“水的总硬度”。水的硬度差异很大，有的仅1度，有的可达100度。通常把小于4度的水叫“极软水”，4～8度的水叫“软水”，8～16度的水叫“中等硬水”，16～30度的水叫“硬水”，30度以上的水叫“极硬水”。

水的硬度对人类的生产、生活都有密切关系，所以对各种用水都规定了硬度标准。像车辆、机械的冷却水，一般暂时性硬度不得超过10度，总硬度不应超过16度，否则在散热器的管套中，就会结出一层矿质内壳，严重影响散热效果，甚至堵塞管道。锅炉用水的硬度更要严格控制，特别是高压锅炉要用更纯的水，如果用了未经处理的硬水，锅壁会结出水垢。据有关资料记载，炉壁上每结1毫米厚的水垢，就要多消耗1.5%以上的燃料；而且，由于水垢导热性能差，会使炉壁局部温度过高，金属变软而胀鼓，甚至爆炸。纺织、造纸不能用含有铁、锰盐的水，否则在纸张、纺织品上就会出现锈斑，造成废品。制糖用水中含矿质过高就会妨害糖的结晶，降低出糖率。半导体器件的洗涤水质，也直接影响产品质量。在硬水中洗衣服，肥皂会与钙、镁离子结合生成絮状不溶性的脂肪酸钙、脂肪酸镁，黏附在衣服上，难以洗净，同时肥皂也不起泡。在硬水中洗头，会使头发黏结、发脆。

国家新规定饮用水的硬度不得超过25度。饮用过硬的水会引起胃肠功能紊乱，出现“水土不服”；长期饮用会引起许多疾病。例如，饮水中含氟过多会引起氟中毒，使牙齿上生褐色斑点，牙釉损坏，甚至骨骼变形，造成瘫痪。据台湾资料证明，地下水中每升含砷量超过0.6毫克，长期饮用会引起皮肤癌。在硬水中煮肉或豆类，很难煮烂，并且营养素被大量破坏掉；用硬水泡茶，会使味道变坏，甚至出现铁锈味；用碳酸盐过多的水酿造啤酒，就只能制出黑啤酒。德国的慕尼黑之所以盛

产黑啤酒，本来并非是当地人的嗜好，而是由于该地下水中含有大量碳酸盐的缘故。

但是，也不是水中的矿物质对人体都是有害无益的。像钙、碘、氟等无机盐都是人体不可缺少的物质；适量的铜、铁、锌等元素，对促进机体的新陈代谢是很有益的。长期饮用“纯水”，会使细胞中的盐成分降低，引起严重疾病。例如，我国有的内陆山区的水中因缺碘，造成患地方性甲状腺肿大病（即大脖子病）和青少年患地方性呆小病，致使身体矮小、耳聋嘴哑、智力发育缓慢。广州地区的水中含氟量低于0.3毫克，结果龋齿（俗称虫牙）的发病率就高。所以，有时还要专门向饮水中加入必要的微量元素，或通过出售的食盐中加入所需的元素，以补充饮水中所缺少的矿物质。青岛出产的矿泉水，之所以驰名中外，就是因为利用了含有10几种有益于身体的微量元素的崂山泉水制作而成的。

使硬水软化的方法很多，常用的有煮沸法、蒸馏法、冻结法、化学试剂法、离子交换法、电渗析法和反渗透法等。

为什么能使苦咸水变甜

在我国“三北”和沿海地区的许多地方的地表水和地下水都苦咸难饮，那些常年守卫在缺乏淡水海岛的指战员，则更是望洋兴叹盼水来。苦咸水饮用后会严重影响身体的健康，即使是机械、车辆的散热系统，也不能利用这种水。

水之所以苦咸是由于其中溶解了大量的多种盐类造成的。因此，要使苦咸水变成可饮用的甜水或达到可供机械、车辆利用标准的水，就必须降低其含盐量，称为“淡化除盐”。科学家们不仅研究出了种种适用于城市工厂里淡化除盐的方法，而且研究出了多种科学而简便、适用于野战条件下使苦咸水包括海水淡化除盐的方法。

第一，蒸馏法。将苦咸水装入密闭容器内加热，用管道把蒸气引出，经过冷凝，取得的蒸馏水便是淡水了。这是最简易的一种淡化除盐方法。驻守在海岛、边疆、高原的部队，可利用太阳能给水加热获得淡水。据报道，日本还研制了一种利用海水温差，使水蒸发制取淡水的装置。

第二，冰冻法。在严寒季节，将苦咸水灌入池中，待结出 1.5～2.5 厘米厚的冰层时，将冰收集起来，再将池水灌满让其结冰，这样连续收集二三次冰以后，将池水放掉更换新水。结出的冰先融化的仍有苦咸味，应倒掉，随后融化的便是淡水。有的缺水国家还制订了从南极洲

拖运冰山获取淡水的方案。

适合小分队使用的手摇式反渗透水淡化装置

第三，离子交换法。在苦咸水中加入离子交换树脂，通过阴、阳离子的交换作用，便可除去水中的盐分，使水淡化。因为苦咸水中有钠、镁等阳离子和氯、硫酸根等阴离子，所以必须分别用阴、阳离子交换树脂，分两次交换除去水中的不同盐分，达到淡化除盐的要求。我军研制成功的供小分队和个人使用的苦咸水脱盐剂，就是一种离子交换剂。

第四，电渗析法。在苦咸水中通以直流电，阴、阳离子便分别穿过阴、阳膜向两电极聚集，进入浓水池，中间区域便出现既不含阴离子又不含阳离子的淡水。我国研制的一种电渗析海水淡化器，每台可日产 5 吨淡水。

第五，反渗透法。利用一种只允许淡水通过，而盐分不能透过的多孔结构的半透薄膜，将盐分滤掉，取得淡水。我国研制的管式反渗透淡化器，除盐率可达 92%左右，每台可日产 10 吨淡水。

在海湾战争期间，美军曾运到前线 3 套新研制的机动式反渗透净水装置，可将苦咸水和污染的水净化达到饮用标准；3 套装置能提供 1 万人的饮用水量。使用这种装置，只要两个人就可以快速完成展开作业，而不影响部队的生活用水。

为什么能消除水中的放射性、化学毒剂和生物战剂

在现代战争中，由于使用核、化学、生物武器，会使水源遭受大范围的污染而影响利用。但是，只要掌握了水被污染的种类、程度，采取科学的方法，便可使水得到净化。

水中的放射性物质，是在核爆炸时落下的核裂变碎片、未反应的核燃料等放射性落下的灰尘和感生放射性物质，通常以离子状态、分子状态、胶体或悬浮物等形式存在于水中，然后随饮水进入体内，患上放射病。对这种污染水，可采取蒸馏法、混凝沉淀法、过滤法和离子交换法予以净化。蒸馏法可以消除大部分放射性物质；混凝、过滤法对有的放射性元素的消除可达 99%，而对有的放射性元素的消除则效率极低，如果加入石灰、苏打、黏土和活性炭，可明显提高效果。最好是采用离子交换法，可使放射性物质的消除率达 99%。

水中的化学毒剂，是由于敌人向水源投毒或通过染毒空气而产生的，有的呈油状颗粒浮在水面或沉入水底，有的均匀地散布在水中，像沙林、芥子气等毒剂可造成水源长期污染，危害人、畜的生命和健康。对染毒水可采取煮沸法、超氯法、活性炭吸附法和反渗透法等加以净化。大多数染毒水煮沸 0.5 小时，即可使毒剂水解而被消除。煮沸前最

好先进行混凝沉淀。部队常使用的方法是超氯法，即利用氯的氧化性能，在每升水中投入25～150毫克的超量氯或氯制剂，以加速毒剂的氧化变成无毒物质，再经过混凝沉淀取得净水。利用活性炭的吸附性能，也可清除溶解于水中的毒剂。反渗透法是一种高技术清除水中毒剂的方法，它是利用特殊的半透膜，将水中的毒剂和盐分滤掉，一般的染毒水，经过1次处理便可达到战时饮用标准。

水中的生物战剂，包括毒性很强和耐药性致病细菌、病毒、毒素等，随水进入人体会引起传染病的暴发性流行，造成灭绝人性的危害。对生物战剂污染的水，可采取煮沸、超氯消毒和利用臭氧、紫外线、二氧化氯、反渗透过滤等方法进行处理。在战场上，对于少量的饮用水，一般采取煮沸法。通常煮沸5～10分钟，即可杀灭水中致肠道病的病菌、病毒；煮沸10～15分钟，即可消除水中的肉毒毒素和炭芽胞。如果使用高压锅消除水中的生物战剂，效果更佳。

在战场上，水源常常会同时被放射性物质、化学毒剂、对生物战剂中的两种以上物质所污染，遇到这种情况，应根据不同的污染情况，采用氯化、碱化、吸附、混凝、沉淀、离子交换、反渗透过滤等方法，进行综合处理。例如，先按每升水投入200毫克有效氯的漂白粉上清液，搅动均匀，作用30分钟；然后，逐渐加入氢氧化钠溶液，不断搅动至氢离子浓度即pH值为11时，作用15分钟；按每升水加入2克活性炭粉末，搅动5分钟；按每升水加入4克黏土，搅动5分钟；再将溶解的硫酸亚铁，按每升水加入200毫克，快搅动1分钟，慢搅动5分钟，静置30分钟；最后，让澄清的水通过活性炭、离子交换树脂层进行过滤。这样可清除水中99％以上的放射性物质、化学毒剂，对生物战剂也会得到较好的消除。

科技人员已研制出种种可对水进行综合处理的装置。其中反渗透器就是一种既能使苦、咸水淡化，又可消除核、化学、生物武器

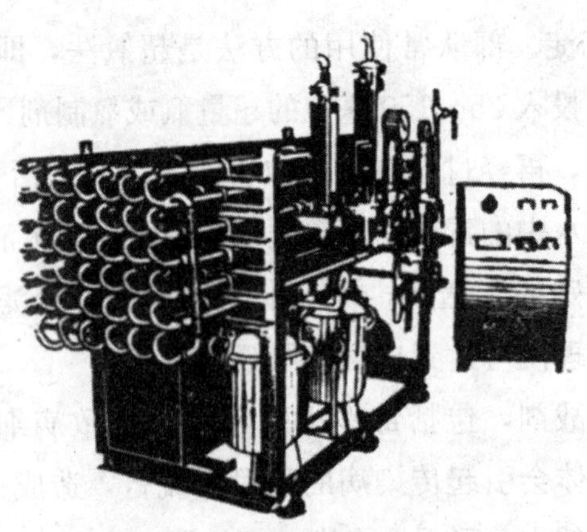

对水进行综合处理的管式反渗透器

沾染的新型水处理装备。它的关键部件是反渗透膜组件，有管式、卷式、中空纤维式等；当被污染水从其中通过时，水分子便透过半透膜渗出，成为纯净的水。

为什么伪装被称为战场上的魔术

自古以来，伪装就被军事家视为取胜之道。早在公元前500多年，孙武就指出：“兵者，诡道也。故能而示之不能，用而示之不用。”这就是说，用兵打仗是一种诡诈行为，必须隐真示假，欺骗迷惑敌人。可是，随着新技术革命的到来，由于一些人仍以老眼光看待伪装，曾认为在现代高技术侦察和精确制导武器被广泛运用于战场的条件下，伪装已无大作用，或者说只对弱小国家有用。美军于20世纪60年代甚至解散了伪装分队。但是，接连发生的几起局部战争，特别是第四次中东战争，敌对双方伪装的巨大成效，使军事家们大为震惊，看到高技术也同样被运用于现代伪装，使光学、红外、雷达、激光等侦察受到极大干扰。这才引起了军事家们的普遍重视，逐渐认识到伪装是提高战场生存力和实现战役、战斗企图的重要保证，接着群起竞相发展新型伪装技术装备，研究现代战场伪装术。

据报道，在海湾战争爆发之前，美国专门发射了10颗多用途的侦察卫星，对伊拉克实施全天候昼夜不停的连续侦察监视。为了对付多国部队战略、战役、战术侦察，伊拉克不惜几千万元重金，从西方购置了卫星照片，依此改进和完善伪装措施，将隐真与示假巧妙地结合起来，使真目标看不见，使假目标诱惑人，有效地欺骗了多国部队。结果，多国部队对伊拉克进行了空前的高强度空袭，狂轰滥炸了33天，而伊拉

克仍保存了70％的坦克、65％的装甲车辆和火炮，飞机也大量地保存了下来，使多国部队不得不一再延长空袭时间，破灭了速战速决的企图。现代伪装就是这样成为战场上的魔术。

按照伪装对付侦察器材的不同，分为：防光学侦察伪装——运用地形、天候等自然条件和人工栽培植物，实施迷彩，设置遮障、假目标，施放烟幕等，对付可见光、近红外、照相、电视、目视侦察和光学瞄准与精确制导；防热红外侦察伪装——利用地形的隐蔽、隔热性能和设置隔热遮障、假热源目标，对付热红外侦察和精确制导；防雷达侦察伪装——利用地形和反射、吸收电磁波的材料，设置遮障、假目标，制造干扰，对付雷达侦察和武器的瞄准、制导系统；防无线电侦察伪装——采取控制无线电发射和发送假信号等方法，对付无线通信侦察；防声测侦察伪装——采取音响控制和制造噪声，设置吸声防护层、模拟音响等，对付窃听和声纳侦察。

因为现代侦察大都是多种手段综合运用的，所以伪装也应是综合运用多种手段，并要善始善终，贯穿于目标产生与使用的全过程，任何一时的疏忽都会功亏一篑。在战场上伪装的效果如何，则要看在与侦察进行对抗中“魔术师”的聪明与才智。

高技术侦察正在推动战场伪装向具有多谱性、轻型化、综合化和扩大隐形技术运用的方向发展。尤其是近几年来，隐形技术的运用已从飞机、导弹扩展到一般兵器、车辆以至大型固定目标的伪装。美空军曾向国防部申请综合运用角反射器、遮障、地面诱饵等伪装措施和防护工事，建造隐形机场。据称，这种隐形机场可使敌偷袭的成功率由80％下降到30％。

为什么说萨达姆在海湾战场上演出了一场近似“草船借箭”的戏

《三国演义》中描写了一个孔明草船借箭的故事：“一天浓雾满长江，远近难分水渺茫。”诸葛亮率20艘满载草人的船，佯攻曹营。大雾之中，曹军看不清实情，结果曹操误假为真，令岸上万箭齐射，草人靶上接得利箭10余万支。这时诸葛亮率船队打道回府，取箭献于周瑜，既缓解了临战缺箭的燃眉之急，又消除了诸葛亮的杀身之祸。尽管据史学家考证，历史上并无此事，而是由罗贯中移花接木杜撰出来的，但是他毕竟道出了一个万世流传的“草船借箭”兵法，至今为军事家们所效仿。

在海湾战争中，伊拉克就演出了一场精彩的现代“草船借箭”戏。为了对付美国专门发射的10颗多用途卫星全天候昼夜连续侦察和监视，战前，伊拉克不惜几千万美元从西方购买了卫星照片，依此来改进隐真示假的伪装措施，并从意大利购进了大量制式假飞机、假坦克、假火炮和假导弹发射装置，还利用塑料板、胶合板、硬纸板、铝板等就便材料，广泛制作应用假目标，布设成假导弹阵地、假飞机场、假指挥所等军事目标。这些假目标的外形、尺寸、颜色都与真目标完全一样，有的假兵器上还涂刷了具有金属反射性能的涂料，内部安装了能辐射类似发动机起动的热源和反射电磁波的角反射器，以欺骗热红外和雷达的侦

察。有的则巧妙架设“遮空”伪装网，使对方认为伪装网下定有目标，岂知遮障之下空空如也。在一些重要地下工程的地面上，还修建了水池，并派人在周围放羊，这样将隐真与示假惟妙惟肖地融为一体，使假目标栩栩如生，有效地掩护了真目标，吸引了敌方大量火力。开始，多国部队看到一举摧毁了伊拉克那么多导弹、机场等重要目标，狂喜不已，声言只要几天时间就可以结束战争；却不料，有的目标第一天被炸毁，第二天就恢复了起来，方知上当。据当时苏军侦察卫星拍摄的照片发现，多国部队所炸目标80%是假的。

在现代战场伪装中，示假——模拟目标的暴露征候，包括设置假目标、实施佯动和散布假情报等，已成为与隐真具有同等重要意义的伪装手段。大量战例证明，示假可以达到以假乱真、真假难辨，以假掩真、分散敌注意力和火力，提高战场生存力的目的。据有关模拟表明：当设置的真、假目标数量比例为1∶1，并进行周密的隐真与示假时，可相当于增大10倍的兵力。当真目标完全被侦察发现，而假目标未被识破时，相当于增大67%的兵力；当真、假目标各被侦察发现50%时，相当于增加40%的兵力。由此可见，示假在现代战争中的重要意义。就连掌握了较完善的高技术侦察手段和制导武器的美军也认为，“假目标在现代战争中占有相当重要的地位，它可以供部队实施战术乃至战略上的欺骗”。

为了适应现代战争广泛示假的需要，许多国家都十分重视运用新型轻质、弹性材料，工厂大量生产假坦克、火炮、飞机、导弹等制式假目标，成套地装备给作战部队。制式假目标，有的胜似塑料充气玩具，不用时，可以压缩成一小捆，体积、重量都很小，携带、设置极为方便。使用时，只要几分钟时间充气，就可使体积膨大几十、几百倍，成为与真目标同样大小、形象逼真的假目标。

在作战中，为了使假阵地更具有欺骗性，还常在上面模拟火器发射的闪光、声响、烟尘等征候；有的还在假阵地上配备少许真火器和小分

设置假导弹阵地

快速组装假炮

逼真的直升飞机

战场魔术师设置的假目标

队，进行游动射击、机动，或结合施放烟幕，以增强其真实感。

在示假中，佯动也是兵家惯用手段。第二次世界大战中的盟军诺曼底登陆、海湾战争中多国部队的声东击西，都是在现代战场上实施具有战略意义大规模佯动的成功战例。

现代示假手段已由单纯对付可见光侦察，发展成能对付红外、雷达、激光等多种侦察。由被动式等待敌侦察，发展成能有意发射出某种目标信号，以吸引敌人的注意力，或成为制导武器诱饵的主动式欺骗，从而大大丰富了战场上的电子对抗手段。

为什么迷彩有伪装效果

迷彩伪装是将涂料、颜料或其他材料涂刷在目标上，以减小目标与背景之间的颜色、亮度差别，从而降低暴露征候的一种方法。其实，迷彩伪装并不罕见，许多动物都有自身迷彩的本能。像食叶昆虫多呈绿色，野生兔子为土黄色，蛇皮长着花斑纹等，就是一种迷彩伪装；而变色龙则更高一招，它是一种能随生存环境改变皮肤颜色的蜥蜴类动物。

现代迷彩伪装，根据目标是活动的还是固定的，所处背景是单调的还是斑驳多彩的特点，分为保护迷彩、变形迷彩和仿造迷彩。

经过变形迷彩的坦克

保护迷彩，是采用与背景颜色基本相同的单色迷彩，可使目标湮没于背景之中；适用在单色背景上对固定目标和比较单调背景上对坦克、火炮、舰艇、飞机等活动目标的伪装。像陆军服是草绿色、海军服是蓝白色、空军服是蓝色都是一种保护迷彩。智取威虎山的战士所以长途奔驰在林海雪原而不被座山雕的耳目所发现，与其身披白色斗篷，融于莽莽天地之间有着密切的关系。

变形迷彩，是用与背景颜色相似的不规则斑点组成的多色迷彩，可以歪曲目标的外形；适用于伪装斑驳背景上的活动目标。像迷彩服，涂有花斑的坦克、火炮、人体等。变形迷彩斑点的颜色，要根据背景颜色的复杂程度确定，通常 2～3 种，夏、秋季节比冬季色彩多，南方比北方色彩多。最常用的是 3 色迷彩。它是以背景中的主要颜色作为中间色，约占目标面积的 50％；以背景中亮颜色和暗颜色分别为亮、暗差别色，各占目标面积的 25％，这样便能产生较好的变形作用。另外，变形迷彩斑点的大小、形状和分布也都很有讲究，否则就会发生空

身穿迷彩连脸部都经过迷彩伪装的士兵在操作发射导弹

间混色，失去迷彩的作用，或者斑点与背景不相融，反倒暴露了目标。

仿造迷彩，是在目标上用颜色仿制出与现地背景一致的图案，使目标成为背景图形的延续部分。它适用于在多色背景上对工事、建筑物等固定目标和在一处停留时间较久的坦克、火炮等活动目标的伪装。这种迷彩宛如舞台布景，具有很强的欺骗视觉作用。

随着科学技术的发展，迷彩伪装已不仅能防可见光的侦察，有些涂料还具有防红外、雷达等多种侦察的伪装性能。有一种变色涂料，涂在目标上能随背景的千变万化自动变色，还能随昼夜时间和天色亮度的变化而改变：晴天呈银灰色，阴天呈暗绿色，夜间呈黑色，使目标成为名副其实的变色龙。美国采用光色性染料染色的变色纤维布，制成迷彩服，在环境改变时，光照就会使其变成与新环境一致的色彩。

据有关资料介绍，经过科学迷彩伪装的目标，能使侦察发现概率降低约30％。英国研制的一种隐形涂料，具有很好的吸收雷达波的特性，涂在坦克、火炮、飞机、导弹、舰艇上，可有效地减弱雷达回波信号，使雷达无法侦察发现。

迷彩伪装还常与设置遮障、假目标等伪装手段结合起来，以达到隐真示假的目的。

现代迷彩作业，已由人工操作走上了机械化、自动化的阶段，只要将目标和所处环境等有关的数据，输入迷彩作业车的微机中，便会自动设计出迷彩的图案、颜色，调制好涂料，几分钟时间就能为1辆坦克“化好妆”——披上迷彩衣。

为什么“反射镜”能掩护部队的行动

1968年8月20日的深夜，捷克斯洛伐克和北约国家的防空雷达荧光屏上，突然变得一片花白，什么目标也分辨不清了。次日，当人们从睡梦中醒来时，捷克斯洛伐克首都布拉格和一些重要地区，已布满了苏军的坦克、火炮和士兵，一场出奇制胜的军事占领已成事实。

苏军是怎样迷盲了雷达，在北约的眼皮底下神不知鬼不觉地实现了这场大规模入侵行动的呢？原来，他们在行动之前，用飞机在入侵方向的上空布设了一个巨大的反雷达侦察的“反射镜”。这个“反射镜”不同寻常，是由气悬体构成的。这种气悬体中的微粒，细如粉尘，轻如鸿毛，表面镀有金属层，能与空气混融为一体，长时间飘浮在空中，形成一层对雷达波有极强反射作用的特殊“云层”，尽管飞机在这“云层”上穿梭般地往来，雷达也无法侦察到。因为雷达是靠目标与背景反射无线电波的差别来发现和识别目标的，可是雷达发射出来的探测无线电波，碰到这种特殊“云层”时，绝大部分都被反射回去了，便无法接收到目标的反射回波信号，所以在“云层”上面便成了安全通道。

这种使雷达迷盲的“反射镜”不仅在空中可以制造，也可以设置在地面和水面上。在目标的近旁架设一道隔绝遮障，减弱目标反射雷达无线电波的回波，便可使雷达荧光屏上分辨不出目标；或者设置一些金属角反射器，构成干扰遮障，增强目标背景的回波，并可使雷达

荧光屏上的目标信号湮没在背景信号之中，同样无法发现目标。我军伪装部队就曾在武汉用角反射器架设了一座“长江大桥”，使侦察飞机一时难以辨认真假“长江大桥”。

这种“反射镜”不仅能干扰雷达的侦察，用不同材料制造的“反射镜”，具有不同的伪装性能。美军利用一种直径 2～20 微米、厚 0.5 微米的微小圆形铝箔片同油雾一起喷洒在空中，能干扰 15 微米波长的红外线侦察。有的“反射镜”能使探测回波乱反射，从而使信号衰减到无法辨认的程度。例如，美军用气溶胶制造的“反射镜”，能使 10.6 微米激光衰减达 70％以上。

“反射镜”还可用来示假，制造诱饵。在海湾战争中，多国部队就发射了 50 万枚能造成“反射镜”的干扰箔条弹和 1.5 万枚红外火焰诱饵弹，有效地欺骗迷盲了伊拉克的探测、制导系统，使其火控、炮瞄、

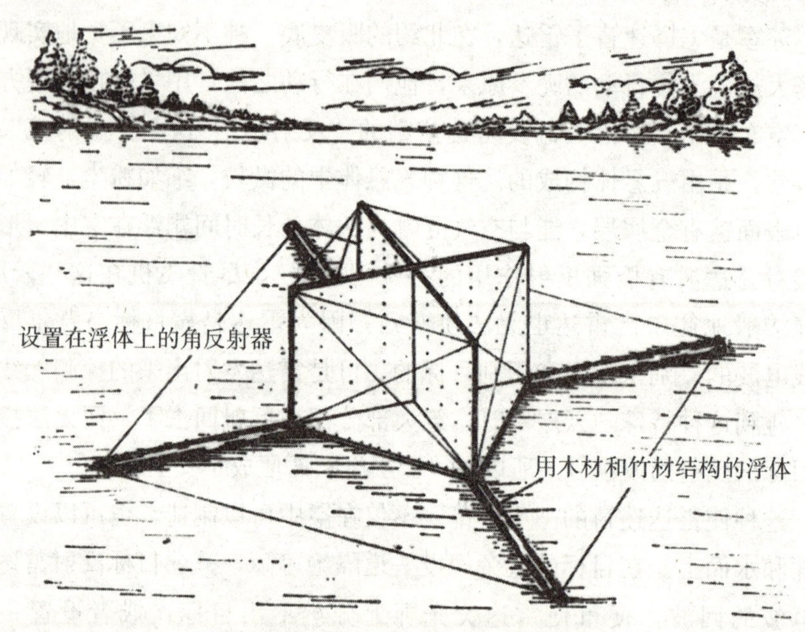

设置在浮体上可防雷达侦察的角反射器

导弹雷达和地空导弹的跟踪、攻击受到严重干扰。

“反射镜”也能用来干扰光学侦察。将一种用镀铝聚脂薄膜制造的地形反射遮障，架设在目标前方的适当位置上，便能把目标周围地形的自然景色反射到目标上，使目标与背景融合在一起，白天在50米以外目视观察便分不清目标；夜间在35米以外，即使利用夜视仪也难以发现，成为名副其实的隐形目标。

为什么在现代战争中仍要重视利用“青纱帐”

……

在那密密的森林里，到处都安排同志们的宿营地；

在那高高的山岗上，有我们无数的好兄弟。

……

这首激动人心的《游击队员之歌》，生动地刻画出抗日战争时期共产党领导的广大军民，利用青纱帐、林、海同日寇周旋战斗的场景。忆往昔，在井岗山、密林里，建立过第一个红色工农政权；在太行山、长白山、大兴安岭等的丛林里，深藏着无数抗日根据地。浓绿的“青纱帐”，成功地掩护了亿万革命军民的战斗。

在现代战争中，“青纱帐”是否就失去了作用？

确实高技术侦察使得利用“青纱帐”隐蔽目标受到很大限制。在越南战场上，美军不仅进行严密的空中侦察，还曾将大量遥感电子监测器，秘密布撒在胡志明小道和越南人民军重要目标周围的草丛、树林里，探测越南人民军的人员、车辆活动，及时传输给位于数十至数百千米以外的指挥中心，从而十分适时、准确地以火力进行袭击。开始，曾使越南人民军遭受了严重杀伤，以为是出了内奸。但是，当人民军发现了美军的这一秘密之后，很快就想出了对策，又使美军变成了“瞎子”

利用青纱帐隐蔽目标

和“聋子”。这件事正说明，巧妙利用“青纱帐”，在现代战场上仍然具有重要的隐蔽伪装作用。

在现代伪装学中，利用“青纱帐”隐蔽目标统属于植物伪装。覆盖地面的树林、灌木、高秆农作物等，不仅能防光学侦察，而且对防红外、雷达等侦察也都有一定的效果，特别是树木密度较大、树冠彼此相接的大片森林，是隐蔽集结部队、配置后勤补给和卫生医疗系统的好地形。据有关试验证明，当森林的郁密度在0.5以上时，里面隐蔽的坦克、火箭、火炮等技术兵器，不论是地面还是空中的光学、红外、雷达侦察都难发现；当郁密度在0.25～0.5之间，或在林间空地、林间道路旁配置人员、兵器时，不仅能防地面侦察，只要隐蔽在林荫之下，或辅以人工伪装，也能防空中侦察。为防敌地面雷达、热红外的侦察，目标

在树林中活动时，应与森林边缘保持一定的距离：当每100平方米有20～25棵树木时，夏天不得小于20～25米，冬天不得小于30～35米；当每100平方米有35～40棵树木时，一般不得小于10～15米。

不仅树林具有植物伪装的作用，而且还可以因地制宜地采取移植草皮，栽植杂草、树木等方法，对目标实施植物覆盖、植物遮障、植物装饰等伪装；还可以采取喷洒除莠药剂、熏烧、割草等方法来改变植被的颜色，以增加目标背景的斑驳程度，降低目标的显著性，提高伪装效果。对移动目标和一时难以移植植物覆盖的固定目标，进行临时性伪装时，也可以采集树枝、藤草，按当地的特色编扎起来掩盖目标。但是，必须注意不要在无植被的地方披着植物伪装的“袈裟”，或在荒漠、雪地上戴着嫩绿的“草帽”。

“青纱帐”除了具有伪装作用以外，对防核武器的冲击波、光辐射、贯穿辐射以及各种沾染等，也都有一定的作用。在树木稠密、较粗壮的森林里，核武器的杀伤半径比在开阔无遮障的地形上要小约50%；常绿植被还可以吸收和过滤大部分的放射性物质。另外，丛树还可使80%的弹片被阻挡在6米以内，能有效地保护有生力量和技术兵器。当然，利用“青纱帐”要特别注意防火，还要重视防滞留毒剂的杀害。

为什么烟幕伪装重返战场

面对着现代高科技侦察技术的飞速发展，不少人曾冷眼看待烟幕伪装这种古老的手段，认为利用这种方法伪装部队，不仅受天候、地形限制大，而且还会暴露目标。然而，在第四次中东战争中，烟幕伪装却大显身手。开始，埃及使用苏制导弹仅 2 个小时就击毁了以色列 130 辆新式坦克。在这种情况下，以色列广泛施放烟幕遮蔽目标，使埃军导弹攻击效果骤然下降了 60%～75%。这一效果引起各国军事家们的高度重视，一反常态，纷纷将烟幕伪装重新请回了战场。在海湾战争中，伊拉克甚至点燃油井造成滚滚烟障，使多国部队的飞行员难以准确捕捉轰炸目标。多国部队在发起地面攻击后，也配合各种佯动，在东部边界大量施放烟幕，而在主攻方向上只少量施放烟幕，造成伊军判断上的错误，确信多国部队要在科威特登陆，将重兵调至西线（多国部队的东线），因而使多国部队能成功地向西线、北线大规模机动，以迂回穿插行动实现了“沙漠风暴”计划。

现代烟幕具有多种防侦察的效果。据测试，在中等浓度的烟幕中，目视能见距离不超过 10～15 米；在浓烟中，目视能见距离不超过 5 米。另外，特种烟幕还具有防红外、微光、电视、激光、雷达等侦察的性能，可有效地干扰空中和地面发射的各种制导武器。在烟幕笼罩下，反坦克导弹的效能会降低 20%～33%。苏军认为，在进攻时使用遮蔽烟

海湾战争中美空降兵在彩色烟幕掩护下发起地面进攻

幕，能使敌方武器效能降低 80%；防御时使用迷盲烟幕，能使敌方武器效能降低 90%。美军专家们认为，美军的目标捕获系统约有 90%以上都会受到现行发烟器材的影响。

现代的发烟器材，已不再是由黄磷、锯末、煤面等材料的简单组合。多性能的烟幕大都是由金属化合物和离子物组成，有的将发泡高分子材料气化成热气流，施放到空中，冷凝雾化形成烟幕。烟幕中的微粒或雾滴直径仅 0.2～0.8 微米、每立方米体积中可达 1 亿万个，能有效地对付可见光、红外、激光、雷达等侦察。德国正在研究在六氯乙烷烟火剂中加入 10%～25%的聚氯乙烯、酚萘、沥清等芳香族化合物，从而大大提高对红外辐射的吸收性能。近年来，美国还在致力研究能对电磁辐射和高能激光束产生干扰、衰减作用的多频谱烟幕。彩色烟幕也已出现。这种烟幕器材能施放出与目标背景色彩相似的烟幕，可更有效地配合其他伪装手段隐蔽目标。科学家们还设想制造一种能黏附在弹头上的烟幕，在敌导弹飞行的上空布设黏性烟幕区，当弹头穿过

烟幕掩护下强渡江河

这种烟幕区时，黏性微粒物质便附着在弹头上；当弹头再进入大气层时，因强烈的摩擦便会引起黏性物质燃烧将弹头破坏。还可以布设一种具有高速剧烈腐蚀性物质的烟云，当弹头飞过时，将破坏其防热层，从而使弹头自毁。

各国竞相研制的施放烟幕装备种类也很多，有供单兵使用的发烟手榴弹、发烟罐、烟幕地雷；有供坦克、火炮、飞机、舰艇使用的发烟炮弹、炸弹、火箭弹等。北约国家、法国、日本等普遍给装甲车辆配备了发烟弹。英国、美国研制的发烟弹装备在“奇伏坦”坦克、M901 型陶式反坦克导弹车上，发射后 2.5 秒钟可在 25 米处形成宽 60 米、高 8～10 米的烟幕遮障。安装了发烟器的坦克，当坦克驾驶员发现被反坦克火器瞄准或跟踪时，一按电钮，便可在车前布下一道长 250～400 米的烟幕墙，便可趁机逃脱。许多国家还研制了适于大面积立体施放烟幕的装备。一架携带 24 个发烟罐的直升机，能在 2 分钟之内造成宽达 5 千米的烟幕区。

在现代战争中，可根据战役、战斗的需要，灵活施放遮蔽烟幕、迷盲烟幕、欺骗烟幕和信号烟幕等。一般用于遮蔽目标的烟幕面积不得小于目标面积的10倍，否则反倒会给敌人指示了目标。烟幕持续的时间可达几分钟、几十分钟，甚至更长。

为什么工程兵在陆军中所占的比例不断增大？专业化程度越来越高

战争的本性就是保存自已消灭敌人。因而，军队为抵御敌人的侵犯，就要筑垒设障。为出击歼敌，就要逢山开路遇水架桥。所以说，从出现战争就有了工程保障。但在一个相当长的时期内并没有专门执行工程保障任务的专业化部队，那些保障作战的工程任务，起初都是由作战部队自行完成的。随着科学技术和武器装备的发展，军队的组织结构逐渐走向专业化。特别是发明了火枪、火炮以后，杀伤、破坏力空前增大，不仅要求步兵、骑兵、炮兵在编组和作战样式上作重大变革，而且迫切需要有专门保障其快速机动隐蔽安全的工程作业部队，于是在 17 世纪，新兴的资本主义国家——法国的军队率先组建了工程兵。当时称为“工兵”，在法语中的意思是“开路先锋”。

在我国，早在战国时期，军队中就有了专司组织筑城、修路、渡河的官员；到太平天国时期，军队中编有担任开挖坑道、埋设地雷的土营和担任水上运输、架桥、作战的水营；清末新军中已组建了工兵营；到中华民国时期，国民党军队中工兵进一步扩大，出现了独立工兵团。1927 年“八一”南昌起义时就有工兵参加，从而诞生了人民军队的工兵。新中国成立后，工兵逐渐壮大，发展成包括多种专业的兵种，中央军委为使工兵的名称更符合客观实际，于1955年将其改称为“工程兵”。

由于现代战争的作战空间、规模空前扩大，作战形式日趋多样化，对抗中的突袭与反突袭、破坏与反破坏、机动与反机动日益激烈，军队的一切作战行动几乎一刻也离不开工程保障，而且对工程保障的内容、范围、速度和质量都提出了越来越高的要求。为适应这一需要，各国军队都在提高各军兵种自行保障能力的同时，大力加强工程兵的建设：一方面是提高工程兵在合成军队中的员额比例；另一方面是提高工程兵的技术装备水平。

目前，各国工程兵在陆军中所占的比例，已普遍由第二次世界大战时的4%左右，提高到8%～11%。像美军重型师中就编有1个工程兵旅；机械化程度达到人均95马力，在陆军中仅次于装甲兵。工程技术装备还实现了系列化、标准化、通用化，更新换代的周期日益缩短，并且广泛采用了高技术。例如，采用高分子材料进行快速野战筑城，只要几分钟时间就可以筑起“三防”的集装箱式掩蔽部；采用大功率的工程机械进行掘土作业，1台机械就相当于1个连的人工作业量；利用机械化桥可以伴随装甲部队冲锋架桥；利用带式舟桥可以在几十分钟之内架起长江浮桥；利用火箭布雷几十秒钟就可在几十千米之外布设出大面积的地雷场；利用智能地雷布设的地雷场可以自动识别、捕捉目标……这样多样化、高技术化的工程技术装备，就必须由经过严格训练的高素质专业人员来掌握，才能在瞬息万变的现代战争中，充分发挥其战术技术性能，因而就要求工程兵的内部分工更加明细，于是便不断出现了新的专业部队和分队。像主要担负野战筑城任务的工兵部（分）队、担负永备筑城和工程维护任务的建筑部（分）队、担负渡河任务的舟桥部（分）队、担负修筑道路和架设桥梁任务的道桥部（分）队、担负布雷扫雷和爆破任务的地爆部（分）队、担负工程伪装任务的伪装部（分）队、担负给水任务的给水工程部（分）队等。有些国家还根据特殊任务编配了相应的专业分队，像美军工程兵中就专门编有核地雷分队和地形测绘分队等。除陆军中编有较强的工程兵外，在海军、空军、战略导

弹部队中也都编有装备精良的工程兵部队。

执行工程保障任务技术骨干力量——工程兵的加强，有效地带动了整个合成军队在战役、战斗过程中执行保障部队隐蔽安全、指挥稳定、快速机动和阻滞敌方机动能力的大幅度提高。第二次世界大战时，构筑1个师的野战防御阵地，需20～30昼夜，现在只需要2～3昼夜。第二次世界大战时，1个连1昼夜作业10小时只能构筑几千米长的急造军路，现在利用筑路机1个连1昼夜可构筑100余千米急造军路。过去美军1个连人工布设350×250米的地雷场约需8小时，现在采取火箭布雷只需要几秒钟即可完成。纵观部队的各种工程保障能力，普遍比第二次世界大战期间提高了10倍以上。

作为衡量国家军队作战工程保障能力标志的我军工程兵，正在新的战役、战术理论和军事工程理论指导下，改革编制体制和指挥控制系统，广泛采用高新技术成果，不断提高在常规战争和核、化武器威胁条件下，全方位、全天候、高效率、高质量、快速反应的立体工程保障能力和以工程手段直接参与歼灭敌人的战斗能力。这便是我军广大工程兵指战员为之奋斗的发展方向。